目からウロコの木のはなし

林 知行 著

技報堂出版

はじめに

日本は国土面積の2／3を森林が占める世界有数の森林国です。都会を一歩出れば、いたるところに森林が広がっています。また、我々の身の周りには木材を使った家具や日用品があふれています。さらに、戸建ての住宅と言えば都会であっても木造建築が主流です。

しかし、これらの「樹と木と木造」はあまりにも我々の生活に溶け込んでいるため、その面白さや不思議さに気づいていない人が多いのではないでしょうか。

木材は細胞構造が精緻で、複雑で、合理的で、時には神秘的な一面さえ感じさせてくれる生物材料です。そして何よりも、木材は私たちが今後目指さなければならない持続可能な循環型社会にとって必要不可欠な材料です。

このような材料をうまく使いこなしていくためにも、私たちは樹と木と木造に関する科学的で正確な知識を身につけておく必要があります。

しかし大変残念なことに、現代の義務教育では、そのような知識はきちんと教えられていません。それどころか、多くの若者は途上国における森林破壊の写真などを授業で見せられ、「樹木を伐って使うことは環境破壊だ」と思い込んでいます。

さらに悪いことには、木材を扱うプロである木材業界や木造建築業界の関係者の中にも、木材に関する基礎的な科学知識を持たず、全く根拠のない巷説や古びた常識を信じ込んでいる人が少なくありません。

例えば「木の切り株を見れば東西南北の方角がわかる」とか「板目板が乾くと反るのは木表側の水分が多いからだ」といった古典的なウソ常識を未だに信じているプロも多いのです。

このような、いわば民度の低い関連業界の状況に危惧を覚えた私は、木材のプロを対象に業界紙や関連協会誌を通じて、さまざまな啓蒙活動を行ってきました。関連した著書もすでに3冊にのぼっています。

ただ、これらの啓蒙活動では業界関係者や学部の大学生を対象としていました。したがって、細かい専門用語等の説明や対象物の写真などは旧知のこととして特に説明してきませんでした。

このため、営業系の業界関係者や他分野の技術者、さらにはごく普通の一般人にとっては、少しハードルが高い内容になってしまいました。

そこで一般の読者にも容易に理解できるようにと、「北羽新報」という秋田県の地方新聞で連載を始めました。現在、連載期間は6年、連載回数も80回近くになろうとしています。幸いなことに、反応は上々で、例えば「有名なあの話がウソだったとは知らなかった。目からウロコが落ちたよ」というようなうれしい反響をいただいてきました。

本書はその連載記事の中から、60編を選び出し、若干の加筆をしながら編集しなおしたものです。

もちろん、秋田県の住民にしかわからないような内容は除いてありますが、多少の地方色は残っている部分もあります。

ともあれ、本書では、科学の眼を通して、樹と木と木造の面白さをやさしく解説しています。数式や化学記号などは一切出てきませんので、気楽に読んでいただければ幸いです。

2020年2月

林　知行

目次

■こんなに面白い特性があるとは・・

■過去にそんな経緯があったとは・・

■不思議なことが起きますね・・

■やはり耐火・耐震性能が強化されてきた・・

■なるほど、そういうことだったのか・・

あの話はウソだったのか…

第1話

木の年輪は日当たりのよい南側が広いのか？

今回は最初ですから、樹と木に関する有名な間違い知識からお話ししましょう。

私が小学生のころ、「山の中で道に迷ったら、木の切り株を見ればよい。年輪の広いほうが南側だ」ということを教えてもらいました。「なるほど、日当たりのよい南側のほうが、成長がよいから、そうなるんだな」と納得して、大学生になるまでずっとこの話を信じていました。皆さん方の中にも、そう信じている方が多いのではないかと思います。

しかし、実はこの話は証拠も根拠もない大ウソだったのです。まずこの話が事実ではないことをお見せします。

この**写真1**は、平坦な場所で、同じ方向から撮影したヒマ

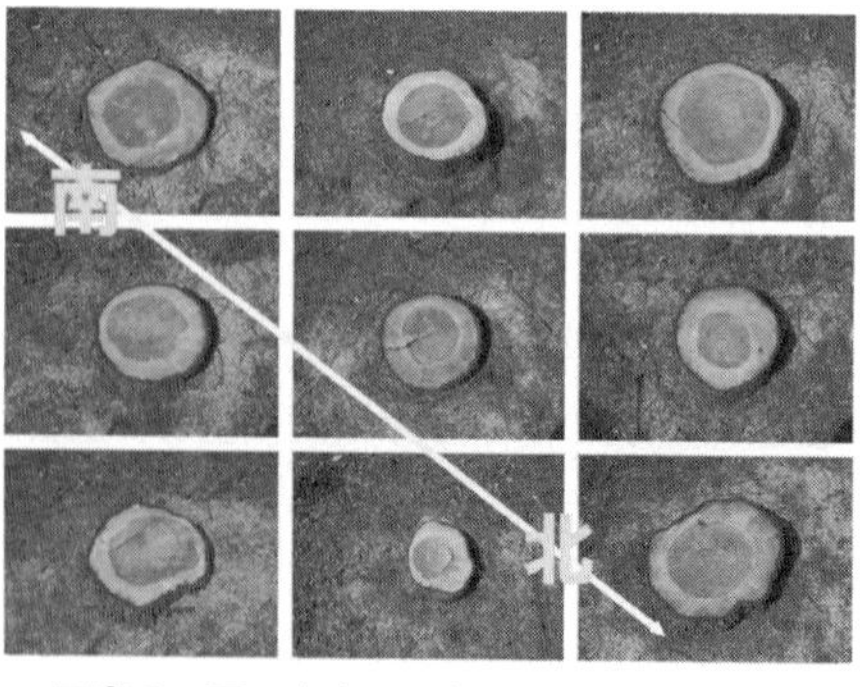

写真1　同一方向から撮影した木の切り株

ラヤスギの切り株です。見てのとおり、年輪が広い方向はバラバラです。ちなみに、実際の方角は、写真の左上方向が南、右下方向が北です。

「そんなバカな。日当たりのよい南側のほうが、植物の成長がよいのは常識でしょ」といぶかしがる方も多いと思います。ところが、ここに大きな論理の飛躍が隠れているのです。

確かに、**図1**のようなところに同じ種類のスギを植えてやれば、日当たりのよい南側に植えられたスギのほうがおそらく成長はよいでしょう。しかし、南側のスギの成長がよいからといって、1本のスギの南側がよく育つと言ってもいいのでしょうか。

前者は何本かのスギの比較ですし、後者は1本のスギの内部の話ですから、「南側に植えられたスギがよく育つ」ことが事実だからといって、「1本のスギの南側がよく育つ、つまり南側の年輪が広くなる」ことにはならないのです。

もちろん、このような言葉の論理だけではなくて、科学的にも「木の南側がよく育つ」という説は成立しません。第5話でも詳しく説明しますが、樹木では樹皮の内側にある形成層《けいせいそう》という薄い組織が細胞分裂して樹幹が年々太くなっていきます。そのときに使われる養分は、樹木の上部

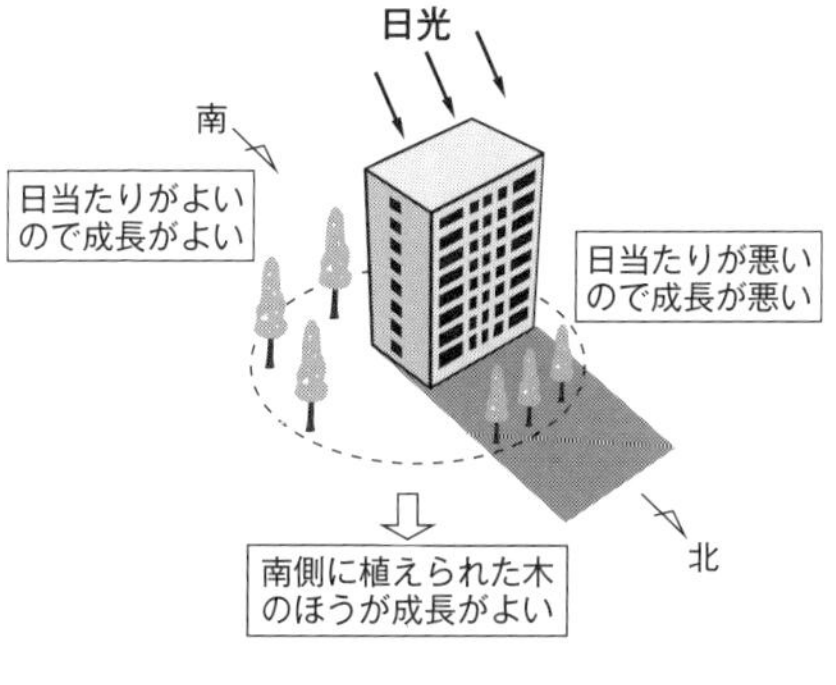

図1　誤解を生む理由

にある葉で光合成によって作られ、樹幹全体にらせん状や扇状に拡散しながらゆっくりと降りてきます。したがって、たとえ南側の葉で養分が沢山合成されたとしても、樹幹の南側だけにそれが集中するということにはならないのです。

それでは、なぜ年輪の幅に偏りが生じるのかということですが、これには色々な理由が考えられます。例えば、樹幹の傾き、土地の傾き、樹体の重心の偏り等々です。

いずれにしても、東西南北の方角と年輪の幅との間には何の関係もないのです。

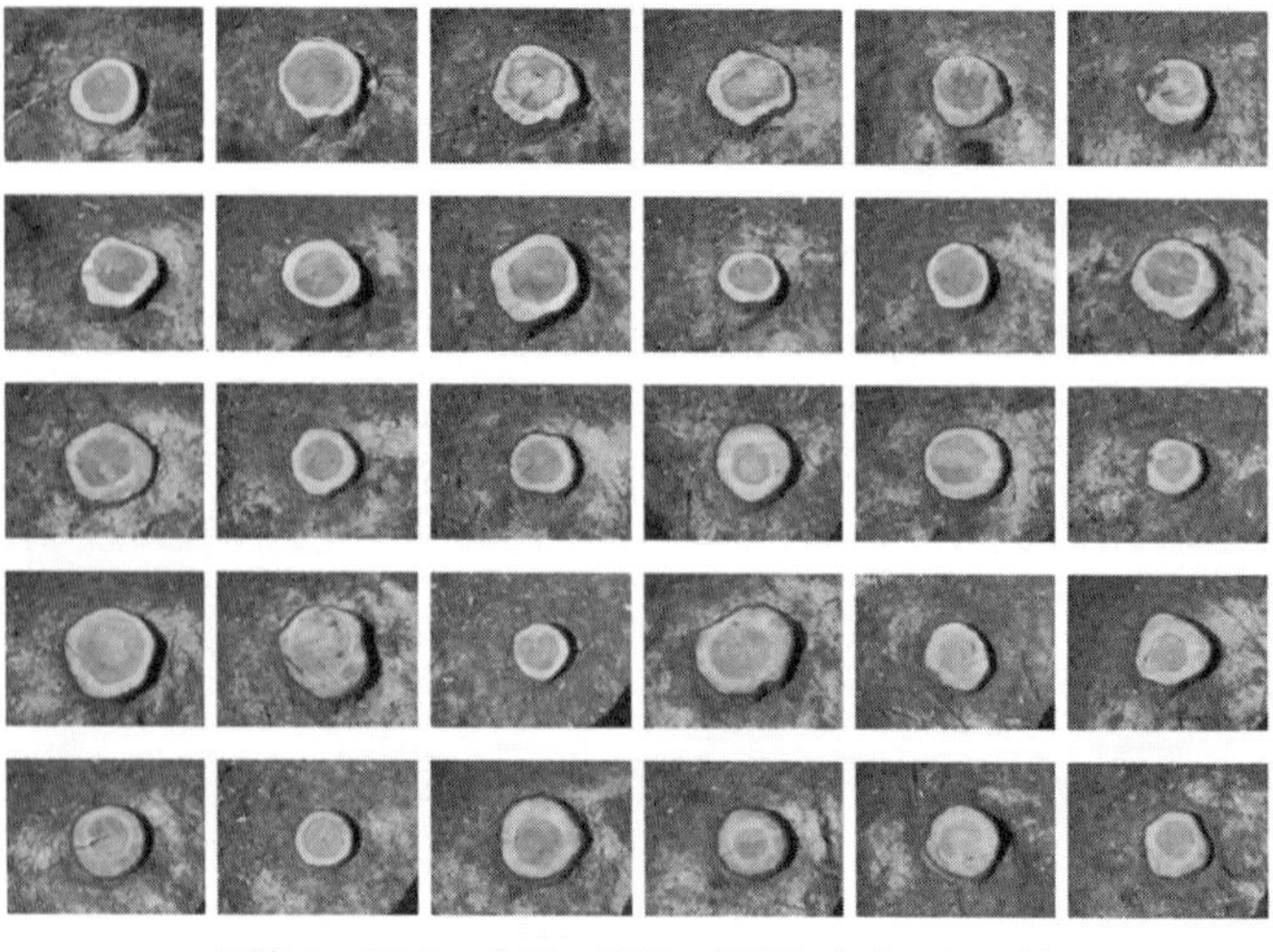

写真 2　写真 1 と同一場所で撮影した木の切り株
(方向は左上が南で右下が北)

第2話　木材の原料って何？

樹木は生物ですから、幹の木部は写真のように無数の細胞からできています。ただ、細胞と言っても、木材として利用されるときには、内部が空っぽになっていますので、正確には「細胞壁」です。この細胞壁の原料は何か、というのが今回のテーマです。

さて、スギであれマツであれ、生きている樹木では茎や根の先端にある成長点や、第1話に出てきた幹の形成層が細胞分裂して成長していきます（第5話参照）。つまり、樹木は新しい細胞を作りだしながら大きくなっているわけですが、そのための原料をどこから得ているのでしょうか。

「そんなの簡単でしょ。植物は根から水と栄養を吸い上げているんだから、それが原料になっている

写真1　スギの細胞壁

んですよ」と答える人が多いのではないでしょうか。

確かに樹木は生物ですから、生きていくためには、水はもちろん、それに溶け込んだ窒素（N）、リン（P）、カリ（K）といった微量成分が必要です。しかし、それだけでは細胞壁ができません。では、何が必要かというと、炭素（C）です。「木炭」が木材からつくられることからわかるように、「炭《すみ》の素《もと》」がないと木材（細胞壁）はできないのです。

さてさて、それでは樹木はどこから炭素を得ているのでしょうか。ここで、思い出していただきたいのが、小学校の理科の時間に習った植物の光合成作用です。

植物は、葉から空気中の二酸化炭素（CO_2）を取り入れて、酸素（O_2）を放出していると習ったはずです。この現象をごくごく単純に考えれば、CO_2を取り入れて、O_2が出ていくわけですから、あとに残るのはC（炭素）です。何のことはない。このCが木材の原料になっているのです。

少し難しく言うと、葉の中にある緑色の葉緑素が光のエネルギーを使って、水と空気中のCO_2からブドウ糖（グルコース）を合成する作用が「光合成」なのです。樹木はこの光合成によって作り出された糖を樹体内部の隅々に行きわたらせて、それを原料にして細胞壁を作っています。つまり、樹木は自分の体の材料を自分で作っているのです。

このように、光合成は言葉にすれば単純な現象ですが、そのプロセスは極めて複雑で巧妙です。全人類の全知能を傾けても、自然界で生じているような光合成はできません。世界中で人工光合成の研究が進められていますが、残念ながら、今のところ光合成の複雑なプロセスのごく一部しか模倣できていないのです。

さて、ここまで述べたことを、もう少し順序立てて「樹木がどのようにして生きているのか」をごく簡単に説明すると、次のようになります。

まず、窒素、リン、カリといった無機の微量成分を含んだ水が根から吸収されます。この水は形成層の内側にある道管や仮道管を通って葉に運ばれます（**図１**）。

葉では光合成によって、空気中の二酸化炭素と水からブドウ糖が合成されます。その後、さまざまな経過を経て合成された栄養分が形成層の外側にある内樹皮（第５話参照）を通って植物全体に送られます。この栄養を使って、幹や枝や根の先端（成長点）では、細胞分裂によって縦方向に伸びる伸長成長が生じます。同時に、幹では形成層が細胞分裂して、横方向に太っていく肥大成長が生じるのです。

我々のごく身近にある「木材」が、人知の遠く及ばない複雑な生命現象から生まれたものであることを、今一度、再認識していただければ幸いです。

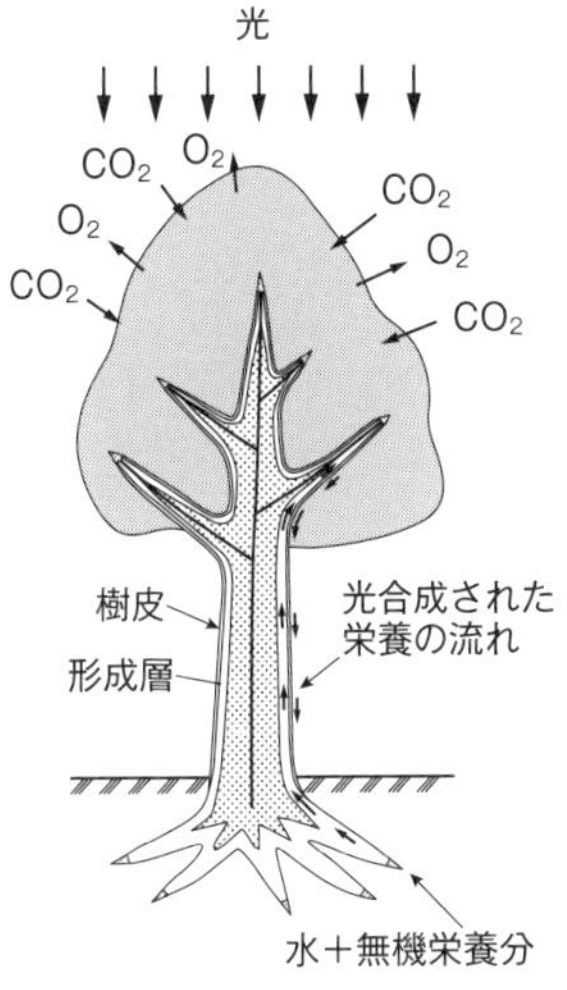

図１　木の生き方

第3話

世界最大の木造建築は奈良の大仏殿ではない

「世界最大の木造建築は何？」と聞かれたら、あなたは何と答えますか？　多くの方は「え〜と、奈良の大仏殿」と答えるのではないでしょうか。

確かに、東大寺の大仏殿はわが国が誇る木造文化の偉大な遺産です（**写真1**）。過去2回焼失し、現存しているのは江戸時代に再建されたものですが、8世紀の奈良時代に、これだけの大きな建築物（正面57m、奥行き51m、高さ47m）を人力だけで作り上げたわけですから、ご先祖様たちの技術の高さには驚くばかりです。

ただ、残念ながら、大仏殿はもはや世界一どころか日本一でもありません。日本一は秋田県大館市の大館樹海ドームです（**写

写真1　東大寺大仏殿

真2・3）。形状は半卵形で、長径が178m、短径が157m、高さが52mあります。

もちろん、広く世界を見渡せば、大館樹海ドーム以外にも大仏殿より大きな木造建築はいくつかあります。例えば、北米のワシントン州にあるタコマドームは上から見ると円形で、直径が161・5m、高さが46・3mあります。

2011年にスペインのセビリアに完成したメトロポールパラソルという変わった形の木造建築は、高さが28・5mしかありませんが、4階建てで、延べ床面積が1万2670㎡もあります。大仏殿の床面積が2900㎡弱ですから、メトロポールパラソルは4倍以上の床面積を持っていることになります。

さて、最初に出した問題の答えですが、私は米国のオレゴン州に現存している「飛行船の格納庫」だと思っています。この建物は完成したのが第二次世界大戦中の1942年で、現在でも航空博物館（Tillamook Air Museum）として使われています。規模は、なんと長さが326・7m、幅が90・2m、高さが58・5mもあ

写真2　大館樹海ドームの外観

写真3　大館樹海ドームの内部

ります。単純に計算すると床面積は2万9468㎡になります。これはメトロポールパラソルの2倍以上です。

次の**写真4・5**は工事中なので、大きさがちょっとわかりにくいかもしれません。興味のある方は航空博物館の英語をキーワードにして、インターネットで画像を検索してみてください。きっとそのばかばかしいほどの巨大さに驚かれるでしょう。

写真4　工事中の飛行船格納庫（側面）
（出典：US Navy: Building for Battle, 1943）

写真5　工事中の飛行船格納庫（正面）
（出典：US Navy: Building for Battle, 1943）

第4話 ベニヤ板は典型的な和製英語

私たちは日ごろ、日本でしか通じない和製英語をたくさん使っています。例えば、バックミラーなんて、子供でも知っている用語ですが、英語圏では通じません。正しくは「リアビューミラー」です。ついでにいうと、フロントガラスは「ウインドシールド」です。

木材関係でもこの類《たぐい》の和製英語が色々使われていますが、筆頭に挙げられるのが「ベニヤ」でしょう。俗に言う「ベニヤ板」を指さして、「ベニヤボード」なんて英語圏の外国人に言ってみても、ちょっと怪訝《けげん》な顔をされるだけではないかと思います。

それでは、正解は何かというと「プライウッド」です。英語

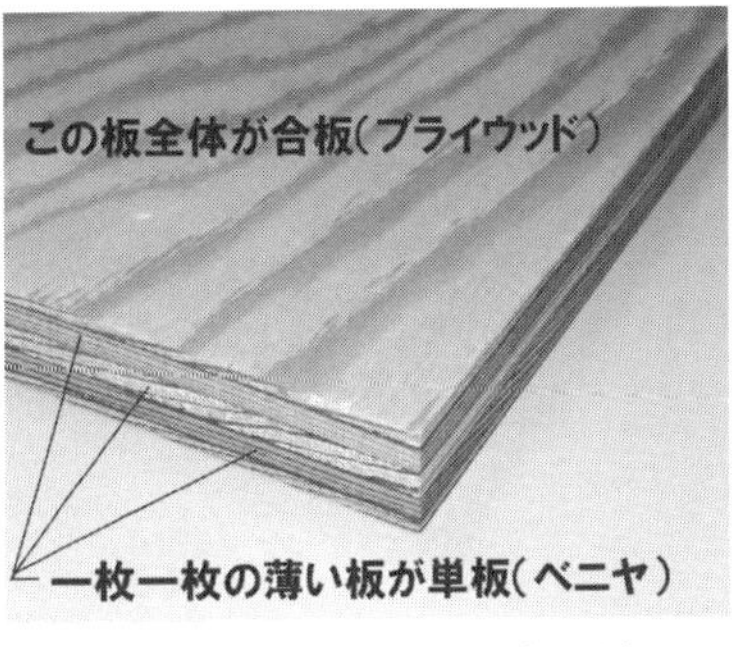

図1　合板と単板（ベニヤ）の違い

の意味としては、重なったとか合わさった木材ということになります。もちろん、日本語でもベニヤ板は俗称で、正確には「合板《ごうはん》」です。

さてさて、「それじゃ、ベニヤっていったい何なのよ?」ということになりますが、実は**図1**にあるように、合板を構成している一枚一枚の薄っぺらな板がベニヤなのです。ですから、合板のことをベニヤと呼ぶのは「おにぎりやお寿司」のことを、「コメ! コメツブ!」と呼んでいるようなものなのです。

どうも長い前振りになってしまいましたが、今回のテーマは丸太からどうやってこのベニヤを作るのかということです。

一般の方なら、何か大きなナイフのようなもので木材をスライスして薄い板を取るのではないかと想像するに違いありません。確かにそのとおり、そうやって作るベニヤもあります。家具や集成材の表面にきれいな薄い木材が貼ってあることにお気づきの方は多いと思います。あれがスライスされたベニヤです。

ただ、このように単にスライスするだけでは、大きな問題が解決できません。というのは、幅の広いベニヤが取れないからです。直径1mの丸太をスライスしても、最大で1m幅のベニヤしか取れませんから、もっと幅の広いものを取るには何か違う工夫が必要です。

その工夫というのが、丸太をぐるぐる回転させて、そこに幅の広いナイフを当て、大根の「かつらむき」のように、単板をむき取る方法です。かつらむきと言ってもわからない人がいるかもしれませんが、ちょうどトイレットペーパーのロール（丸太）から、薄い紙（ベニヤ）を連続的に引き出してくるような感じを想像していただくとわかりやすいと思います。

写真1から**4**が、丸太を回転させながらベニヤを取っているところです（ロータリーレースの写真は木材高度加工研究所［木高研］の山内秀文教授のビデオより作成）。こうして得られた薄いベニヤを乾燥させ、接着剤を塗布して互いに直交するように奇数枚積層接着したものが合板です。

写真1　丸太のセッティング

写真2　丸太の回転開始

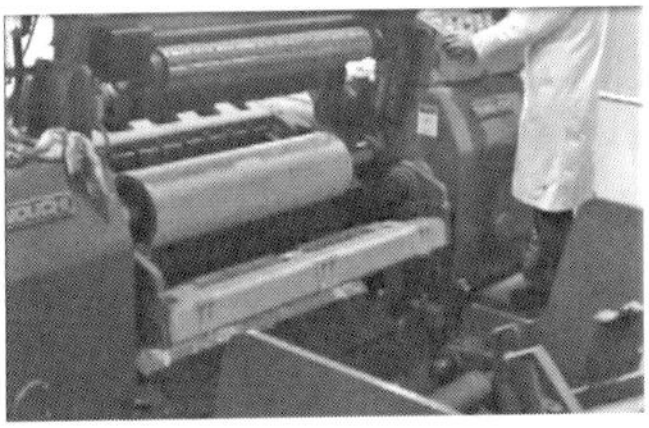

写真3　ベニヤを切削中

写真4　機械の後ろから連続して出てくるベニヤ

第5話　樹木の幹の細胞はほとんどが死んでいる

タイトルの意味がちょっとわかりにくいかもしれませんが、「生物が生きていても、その細胞が全部生きているとは限らない。特に樹木の幹では」というのが今回のテーマです。

まず、あなたの身近に生えているスギやマツを思い出してください。「その樹は生きていますか」と聞かれたらあなたはどう答えますか？「枯れていないんだから、生きているのに決まっているよ」と答えるのではないでしょうか。

しかし、スギやマツの「細胞」が隅から隅まで全部生きているのかと聞かれたら、「えっ・・・と、そう言われてみれば、マツの樹皮は、すぐにポロポロ剥がれるから、あれはきっと死んでいるよね。でも、その内側の木部は全部生きているんじゃないのかなぁ・・・。う〜ん」と答えに窮してしまうのではないでしょうか。

人間は動物ですから、ほとんどの細胞は生きています。生命活動をしていないのは、爪や髪の毛や皮膚表面の角質層などごく一部だけです。一方、樹木の樹幹では、多くの細胞が壁だけを残して内部がカラッポあるいは水分だけになっています。つまり「死んでいる」のです。

「そんなバカな。毎年毎年、年輪ができて木は太くなっていくんでしょ。細胞が死んでいたら太れないじゃないですか」と疑問に思う人が多いかもしれません。

ということで、今回はその仕組みについてお話します。

写真1はスギの丸太の断面です。また、それを模式図に表したものが**図1**です。

ひと口に樹幹といっても、表面にある「樹皮」と内部にある「木部」とに二分できることがわかります。また、木部は色の濃い①心材と、薄い②辺材とに分けられます。同様に、樹皮は表面に近い茶色の⑤外樹皮《がいじゅひ》と、白い④内樹皮《ないじゅひ》に分けられます。さらに内樹皮と辺材との間には③形成層《けいせいそう》と呼ばれるごく薄い層があります。実はこの形成層が細胞分裂して内側に辺材を、外側に内樹皮を作りながら、木が毎年太っていくのです。

形成層で細胞分裂によって作られた木部は、しばらくすると柔細胞《じゅうさいぼう》という栄養分の貯蔵庫となる細胞を除いて、内容物が流

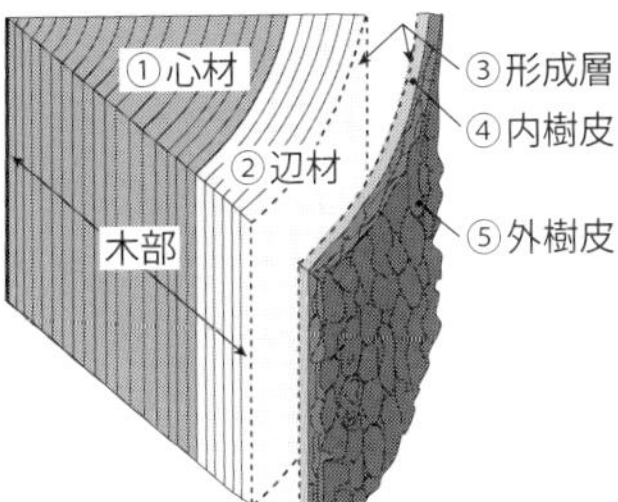

図１　スギ樹幹の模式図

写真１　スギ丸太

れ出して死んでしまうのです。

このように、先にあげた5つの部位の細胞の中で、生きて生命活動をしているのは、③形成層と④内樹皮と、②辺材のごく一部にある柔細胞だけです。これ以外の細胞では単に壁が残っているだけです。

結局のところ、樹幹は細胞のほとんどが死んでいて、生きているのは首の皮一枚だけのような状態にあるのです。

写真2　こんなスギの巨木も樹幹の細胞はほとんどが死んでいる

第6話 正倉院の宝物が良好に保存されてきた理由とは

木材と宝物の間に、一体どういう関連があるのか不思議に思われる方が多いかもしれませんが、実は木材の持つ素晴らしい特性が宝物の保存に大いに役立ってきたというのが今回のテーマです。

こう言うと、ある年代から上の方ならば、「は、は〜ん。それって正倉院の校倉《あぜくら》の壁が自動的に閉じたり、開いたりして、風通しをよくするって話じゃないの。小学校のときに習ったよ」とつぶやかれるのではないでしょうか。

確かに私も小学校のときに「正倉院の校倉に使われている木材は特殊な三角形の形をしていて、梅雨のように外の湿度が高いときには膨らんで、湿った空気が室内に入るのを防ぎ

写真1 正倉院（奈良市）

（**図1**）、逆に湿度が低いときには縮んで、空気を入れ替える（**図2**）。だから宝物が千年以上も腐らずに保存されてきた。」と教えてもらいました。「なるほど、なるほど。昔の大工さんはそんなことまで考えて、倉を建てていたんだ。すごい技術だなぁ」と子供心に感心していたのですが、それがウソだとわかったのは、大学の木材物理学の授業時間でした。「君たちはどう教えてもらってきたのか知らないけど、あの校倉壁の通風説＊はよくできたホラ話だよ」という教授の話に愕然となったことを今でもよく覚えています。

ホラ話であることの理由は次のとおりです。

まず、①事実として、壁を構成している校木は常に密着していて、隙間が開閉したりしていないということです。開閉していないのですから、そもそもこのような説は成り立ちません。

次に、②倉と言っても機密性が高くはない大昔の建物ですから、壁以外のところからも空気が自由に出入りしています。ですから壁の構造がどうであろうと、それが空気の出入りに大きな影響を及ぼすとは考えられません。

さらに、③正倉院の三連の倉（写真）のうち、中央の中倉は、単なる

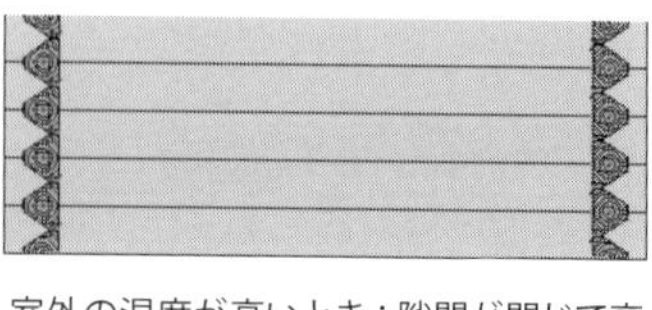

室外の湿度が高いとき：隙間が閉じて高い湿度の空気がシャットダウンされる

図1　室外の湿度が高いとき

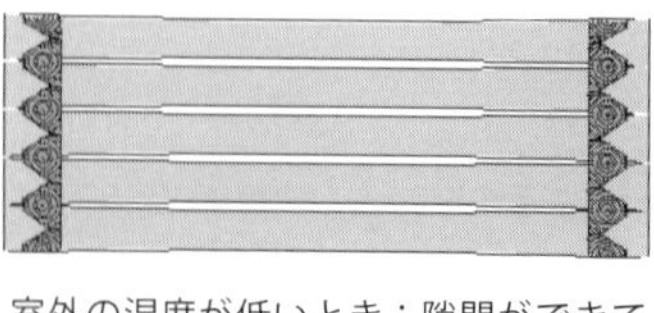

室外の湿度が低いとき：隙間ができて空気が入れ替わる

図2　室外の湿度が低いとき

板を積み重ねた「板倉《いたくら》」です。もし、校倉に効果があるのなら、中倉に入っていた宝物はボロボロになっていないと理屈に合いません。

というようなわけで、多くの日本人が信じてきた「校倉の通風説」は今では完全に否定されているのですが、９０００点を超えるという宝物が千年以上もの間、良好に保存されてきたのは事実です。

実はその秘密が木材の「湿度調整作用」なのです。木材は周囲の大気の湿度が上がれば勝手に水蒸気を吸収し、湿度が下がれば逆に水蒸気を放出するという特性をもっています。このため、木材に囲まれた空間では、湿度の変動が外部よりも小さくなります。言ってみれば、室内に天然の湿度調整のエアコンがあって、勝手に除湿・加湿をしてくれているのです。

このメカニズムが正倉院においても働いていたことが、いくつかの測定から明らかになっています。つまり、木材が周囲に貼り巡らされた倉の中で、湿度調整が千年以上も繰り返され、それが宝物の保存に対して有効に働いたというわけです。

また、宝物が「スギの唐櫃《からびつ》」の中に入れられてあったため、いわば二重の湿度調整作用が働いて、湿度の変動をさらに減少させていたことも、保存に有利に働いた要因として考えられています。

＊江戸時代に藤貞幹という有職故実研究家が思いつきで言い出した説。あまりにもまことしやかな理屈であったため広く信じられてきました。

第7話　年輪はいつごろできるのか？

木材を輪切りにすると、色の薄い部分（早材）と濃い部分（晩材）があって、この一対、つまり年輪が毎年ひとつずつ外側に増えていくことは、小学生でも知っている事実です（**写真1**）。しかし、早材と晩材がいつできるのかについては、誤解している人が多いかもしれません。

ひょっとして「薄い部分が成長の早い夏にできて、濃い部分が成長の遅い冬にできるんでしょ」なんて、考えていませんか？

もし、そう思い込んでいるなら、ブナやカラマツのような落葉樹のことを思い出してください。言うまでもなく、冬になると落葉樹は葉を全部落としてしまいます。なぜ葉を落としてしまうのかについては、凍結防止とか老廃物の廃棄とか色々理由があるのでしょうが、いずれにしても、葉がなければ成長に必要な栄養が作れませんから、形成層は細胞分裂できません。したがって、真冬には早材も晩材も形成されないのです。

一方、常緑樹であるスギやクロマツは、確かに葉は付いたままですが、厳しい冬を乗り越えるため、落葉樹と同様にいわば冬眠しているような状態になっています。このため常緑樹でも形成層は分裂していないのです。

結局のところ、色の薄い早材は春から夏にかけてできた部分で、色の濃い晩材は夏から秋にかけてできた部分なのです。

なお、このことについて木材業界や木造建築の関係者が誤解していることが多いのは、業界内での呼び方が悪いからでしょう。これらの業界では、晩材のことを「冬目《ふゆめ》」、早材のことを「夏目《なつめ》」と呼んでいます。まあ、こんな用語を使っていれば、晩材が冬にできて、早材が夏にできると勘違いしてしまうのも無理はありません。

写真１　色の薄い部分が早材、色の濃い部分が晩材、一対で１年輪

第8話 木材製品ではあるけれど、これって・・・

丸太をのこぎり等で切断して形を整えた木材のことを「製材」といいます。しかし、我々の身の周りを見渡してみると、第4話で紹介した「合板」のように、木材が原料ではあるけれども、製材ではない木材製品がたくさんあることに気がつきます。

これらの製品のほとんどは「木材をいったん小さな小片に分解し、それを目的に合うよう、再構成したもの」で、「木質材料」と呼ばれています。

木質材料は単なる製材では得られない特性を持っていますが、その長所と短所は製品によって各種各様です。一般には長所を生かして短所を目立たないようにした形で使われますので、プロでもない限り、その違いを詳細に知っておく必要はありません。ただ、家具を買ったり、家を建てたりするときに、ちょっとしたポイントだけでも知っておけば、選択の手助けにはなるでしょう。

ということで、今回は代表的な木質材料について紹介してみたいと思います。

図1に各種の木質材料の製造工程の概略を示しました。上から順に説明すると…

①たて継ぎ材：製材した角材やひき板の端をギザギザに切りこみ、そこに接着剤を塗って長さ方向に接合した製品です。この接合部分が指のような形をしているのでフィンガージョイント材ともいいます。短い原料でも寸法を長くできるので、原料の省資源化に有効です。

②集成材：図のようにひき板を何枚も積み重ねて接着した製品です。かなり長大な製品も簡単に作れます。なお、テーブルトップなどに使われる「角材を幅方向に並べて接着した板」も集成材です。

③合板：第４話で説明したように、大型のナイフで丸太をかつら剥きして単板（ベニヤ）を取り、一層ごとに単板の方向を変えながら奇数枚接着したものが合板です。くるいにくく、割れないという特長があります。

④単板積層材：単板を一方向にそして平行に何

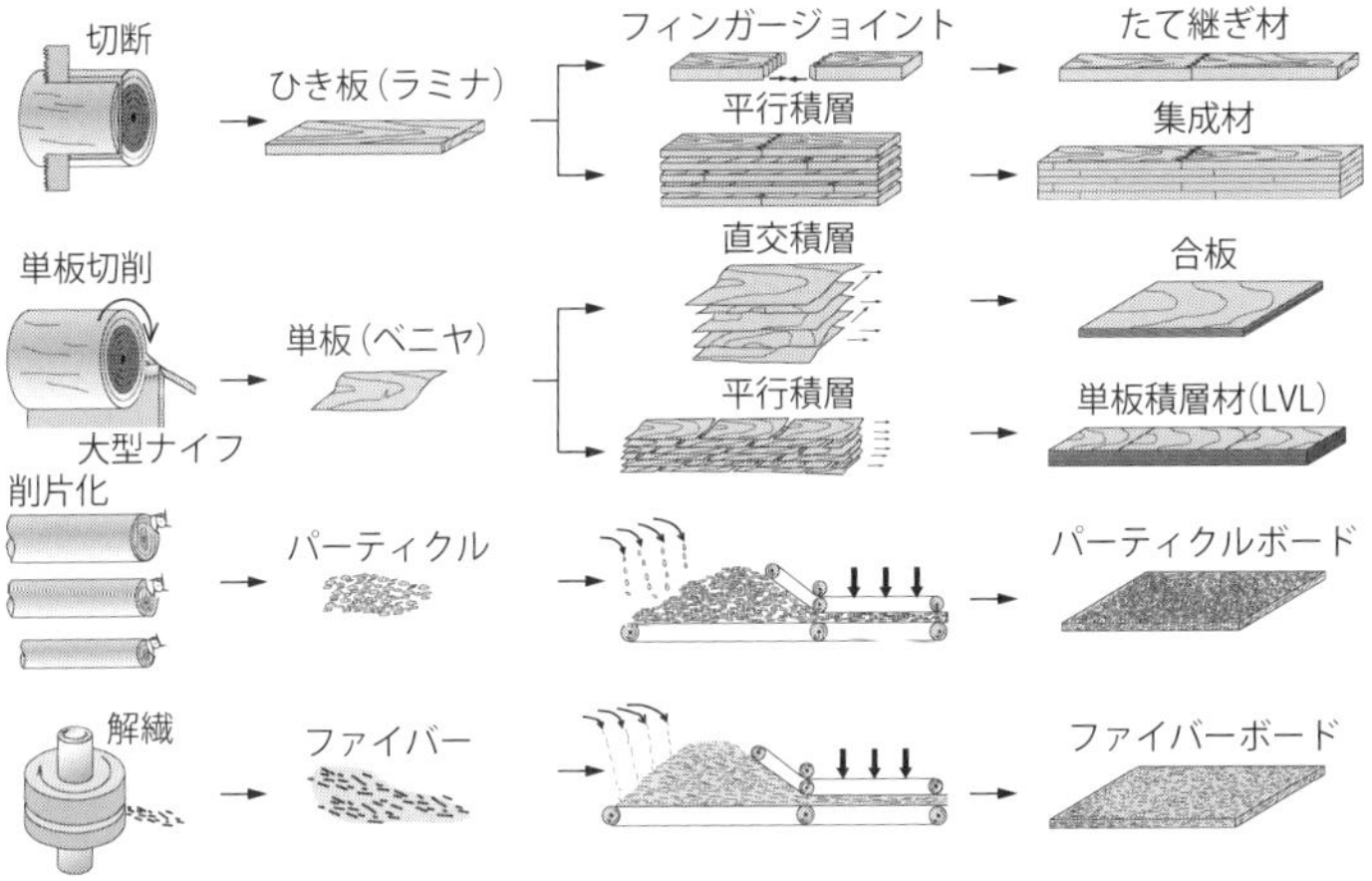

図１　木質材料の製造工程（概略図）

枚も積み重ねて接着した製品です。一般には「LVL（エルブイエル）」と英語で呼ばれています。集成材より生産効率が高いことが特長です。

⑤パーティクルボード：使い途のない小径の材や端材、あるいは建築廃材などを砕いてバラバラの小片（パーティクル）にし、これに接着剤を噴霧して圧縮接着した製品です。原料を選ばないところがこの製品の最大の特長です。

⑥ファイバーボード：パーティクルよりもさらに木片を小さく解繊して繊維（ファイバー）にし、これを板状に圧縮接着したものがファイバーボードです。色々な形に成型できるのが特長です。

以上、代表的な木質材料について紹介しましたが、値段も含めて、先に説明した以外にも各製品に長所と短所があります。また、ぜひ覚えておいていただきたいのは、木質材料には柱や梁などに使われる構造用と、力のかからない用途に使われる造作用の2種類があるという点です。

両者の大きな違いは使用される接着剤です。構造用には耐久・耐水性の強い接着剤が使われます。台所の水回りのような場所に造作用の製品を使ったりすると、トラブルの元になりかねませんので、ご注意ください。

第9話　板目板は乾くとなぜ木表側に反ってしまうのか？

「板目《いため》と柾目《まさめ》の違いがわかりますか」と訊かれたら、たいていの人は「いくらなんでも、そんなことくらいは知っていますよ。年輪の線が平行になるのが柾目で、トンガリ型になるのが板目でしょ（**図1**）。それと確か・・、板目のほうが乾いたときに縮みやすい」と答えるでしょう。

まあこれくらいは「日本人の常識」といったところですが、もう少し難しい「板目板が乾燥すると、木表側」に凹型に反るのはなぜか（**図2**）」という問題になると、正確に答えられる人は少ないでしょう。

「いやいや、それも簡単な理屈です。樹皮に近い木表側の水分が多いから、乾くとそれだけ余計に縮んで反るんですよ。中学の技術家庭科でそう習いませんでしたか」と反論される方がいらっしゃるかもしれません。

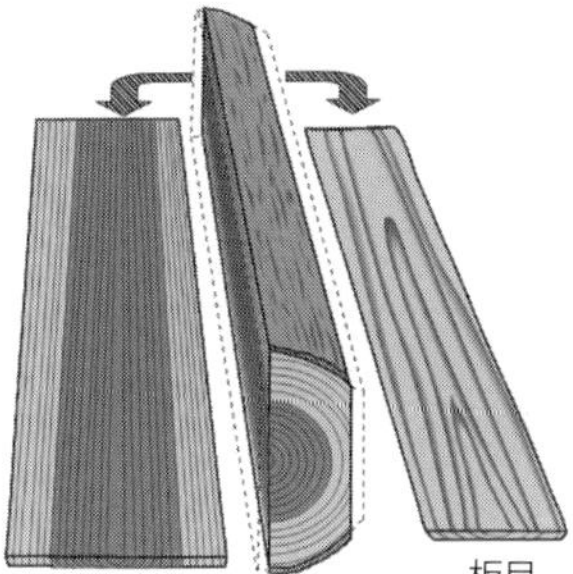

図1　板目と柾目の違い

確かに私も中学校でそう教えてもらいました。しかし、残念ながら、この説明は正しくありません。

「え〜、また間違い知識だったんですか・・」という声がどこからか聞こえてきそうですが、今回もまた、まことしやかだけれど、よくよく考えると間違っている木の常識についての話です。

さて、先に述べた理屈のどこがおかしいのでしょうか。もし、この理屈が正しければ、十分に乾いて水分量が均一になった板目板は、木表と木裏《きうら》*」の差がなくなるわけですから、もはやそれ以上は反らないはずです。しかし、そんなことはありません。もっと乾燥した場所に移動してやれば、さらに反りが大きくなりますし、逆にもっと湿った場所に置いてやれば、そりが小さくなるのです。

というわけで、この理屈では現象が説明できません。というよりも、そもそも「木表側のほうが、水分量が多い」という大前提が間違っているのです。

それでは、正解は何かということですが、これには、最初に述べた板目と柾目の縮みやすさの違いが関係しています。一般に、板目は柾目より2倍くらい縮みますので、板目の含まれる割合の多い木表側の

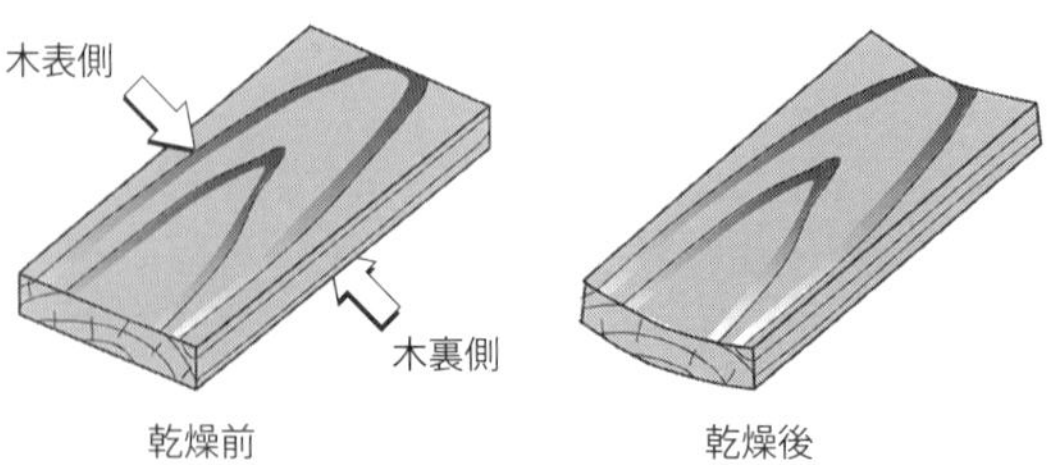

図2 乾燥による板目板の変形

ほうが必ずたくさん縮むのです。

ただ、これだけの説明では意味がわかりにくいでしょうから、**写真1**を見てください。これはスギの丸太を直径の線と平行に鋸挽きしたときの断面です。一枚の板でも、樹芯に近い木裏側では柾目が多く、樹皮に近い木表側のほうが板目の割合が多くなることがおわかりいただけるでしょう。

そして**写真1**の板を乾燥させたのが、**写真2**です。いずれも木表側に凹に変形しています。板目の含まれる割合の多い木表側のほうが必ずたくさん縮むので、凹型に反るということの意味がおわかりいただけるでしょう。

さて、ここまでの説明で板目板が乾くと木表側

写真1　切断直後

写真2　乾燥した後の変形

＊木表：板目板の樹皮に近い側、木裏：板目板の樹芯に近い側

に凹に反る理由はおわかりいただけたと思いますが、そもそも「なぜ板目のほうが柾目よりも2倍も縮む」のでしょうか。

これに関しては、原因が複数あって、色々な説明ができるのですが、ごく簡単に言えば、木材の細胞は樹芯から外に向かう半径方向の放射壁とそれに直交する接線方向の接線壁では構造が異なっていて、接線壁のほうが膨潤収縮しやすいからということになります（**図3**）。

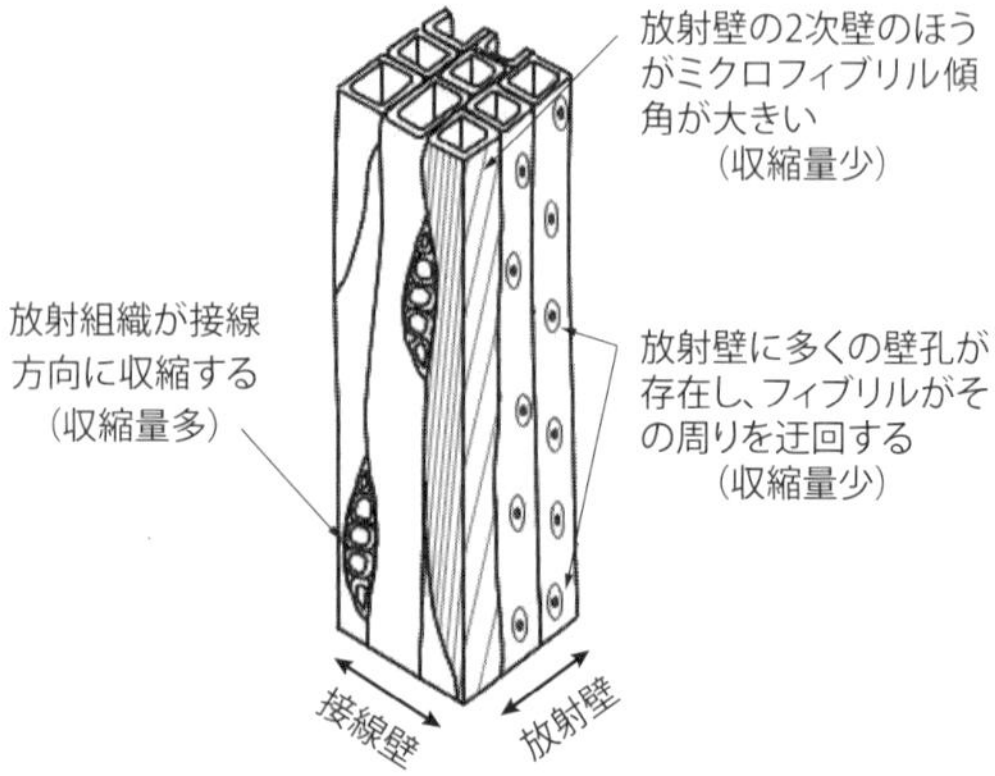
放射壁の2次壁のほうがミクロフィブリル傾角が大きい
（収縮量少）
放射組織が接線方向に収縮する
（収縮量多）
放射壁に多くの壁孔が存在し、フィブリルがその周りを迂回する
（収縮量少）
接線壁
放射壁

図3　方向による細胞構造の違い

第10話 赤と白の違いって何？

あまりにも当たり前の現象なので、その不思議さに気がつかないことって、結構多いのではないのでしょうか。丸太の内側と外側で色が違うことなどは、その典型でしょう。

樹種によっては区別しにくいこともありますが、**写真1**のようなスギでは、樹心に近くて赤い心材（赤身）と、樹皮に近くて白い辺材（白太）とが、簡単に区分できます。

しかし、色以外に何が違うのかと訊かれても、そんなことを気にしたことがない方がほとんどなのではないでしょうか。

実は、この色の違いの中に、樹木の細胞の生死と樹体

写真1　見た目にも明らかな辺材（白太）と心材（赤身）の差

を守るためのメカニズムが隠されているのです。今回はこのことについてお話しします。

第5話でも説明しましたが、樹幹の中で細胞分裂して木部細胞を作るのは樹皮と木部の間にある形成層《けいせいそう》だけです。

分裂してできた木部細胞はしばらくすると壁が固くなり、内容物が流れ出して死んでしまいます。しかし、全部の細胞が死ぬのではなく、一部だけ生きた細胞が残ります。それが柔細胞《じゅうさいぼう》です。

写真2　スギの放射組織（木口面で白い線のように見える部分）

スギの場合、柔細胞の多くは樹心から樹皮側に向かって並んだ「放射組織《ほうしゃそしき》」という組織を形成しています（**写真2**）。そして、主に葉から流れてきた栄養分を貯蔵し、その出し入れをコントロールしています。スギの木部細胞の大部分を占める仮道管は、樹体を支えるとともに、根から上がってくる樹液の通り道になるのが仕事ですから、死んでしまっても、固い壁さえ残っていればそれでかまいません。しかし、栄養分の出し入れのように複雑なことは、生きていないとできませんから、柔細胞は死なないのです。

ということで、第5話でも説明したように、辺材で生きているのは柔細胞だけということになります。一方、心材では柔細胞も死んでしまいます。つまり、辺材が心材に変化する（色が白から赤になる）ということは、それまで生きていた柔細胞が死ぬということなのです。もちろん、その死は病気になったから生じるものではなくて、予め遺伝子にプログラムされていたものです。

さて、ここが今回の要点なのですが、柔細胞は死ぬときに重要な働きをします。実はそれまで蓄えていたデンプンのような栄養分を、防腐・防虫・防菌に役立つような化学物質に変えてから、柔細胞は死ぬのです。これを心材化といいます。

スギの心材の赤い色とは、心材化によって合成された物質の色です。スギのみならず、一般に樹木の心材が辺材よりも腐りにくいのは、柔細胞が死ぬときに合成する物質（心材成分）があるおかげなのです。

こんなに面白い特性があるとは・・

第11話 赤と白の間に真っ白な輪が‥

辺材で栄養の出し入れをしていた柔細胞が、貯蔵してあった栄養分を防腐・防虫・防菌に役立つ成分に変換してから死ぬのが心材化であることを、第10話で説明しました。

辺材よりも心材のほうが腐りにくいのは、このメカニズムのおかげであることが、簡単におわかりいただけたと思います。

もちろん、樹木には色々な種類がありますから、ベイツガやエゾマツのように、辺心材の色分けがはっきりしない樹種や、ブナのように心材でも腐りやすい樹種もあります。

さて今回は、辺材と心材以外にもう一つ、その両者に挟まれた部分に真っ白な帯があるという話です。

写真1　スギの白線帯

写真1のスギの木口《こぐち》を見ていただくとわかるように、白い辺材と赤い心材に挟まれた部分に、真っ白な帯があります。

色が真っ白なので、一般に「白線帯」と呼ばれていますが、辺材から心材に移行する場所なので、正式には「移行材」と言います。

しかし「こんなの見たことがないよ」とお感じ方も多いと思います。それも無理はありません。移行材が白く見えるのは伐採してからしばらくの間だけで、乾くと全く見えなくなってしまうからです。

なお、移行材にはスギやヒノキのようによく目立つ樹種とそうでない樹種があります。**写真2**のように広葉樹でも目立つ樹種があります。

さて、この移行材で何が起きているのかは、第10話の内容から簡単に推測できます。つまり、この部分でそれまで生きていた柔細胞が死を迎えているのです。もちろん、単に死ぬのではなくて、貯蔵していた物質を心材成分に変化させているのです。

このように、体の一部分をわざと死なせて、樹体全体の成長に役立てているという例は、ほかにもあります。スギのよ

写真2　広葉樹の白線帯（カスミザクラの枝）

うな針葉樹で、細胞分裂後に柔細胞以外の仮道管がすぐに死んでしまうのも、その一例です。なぜなら、そうでないと根から吸い上げた水が通りにくくなるからです。

移行材のもう一つの特徴として、水分量が低いことが挙げられます。言い換えると、細胞の内腔にある自由水が少ないのです。このことから、自由水の減少と柔細胞の死、つまり心材化との間に何らかの関係があることがわかります。

樹種によって色々な違いはあるようですが、スギの場合、自由水が少なくなることによって、心材化のスイッチが入るのではないかと考えられています。

第12話　材が割れていても大丈夫なのか？

まずはともあれ、**写真1**を見てください。これは、ある「道の駅」の小屋組を写したものですが、何か不思議に感じられることはありませんか？

「え～っと、古いお寺や民家で見かけるような和風の造りだと思うけど、特に変わったところがあるようには見えないなぁ・・・」というのが大多数の方の反応ではないかと思います。

しかし、よく見てみると、あちこちの梁《はり》には大きな割れが入っていますし、垂直の束《つか》には人工的な割れ（背割《せわ》り）が入っています。これっておかしくありませんか？　もしもコンクリートや鉄骨にこんな大きな割れが入っていた

写真1　小屋組

ら、大騒ぎになること間違いありません。

　なぜ木造の柱や梁だとこんな割れがあっても安心していられるのでしょうか？「まあ、昔からこんな感じだから、大丈夫なんじゃないの」なんて答えるのでは説明にならないので、今回はそのあたりのことを簡単に解説したいと思います。

　そもそも、なぜ「割れ」が入るのか、どういう場合に「割れ」が入りやすいのかといったウンチクに関しては話が長くなるので、ここでは大きな断面の木材には乾燥による「干割《ひわ》れ」が生じるものだという前提で話を進めます。

　さて、この干割れですが、割れの方向は決まっています。**図1**にあるように、木材の繊維（細胞壁）に沿った形、つまり木材の長さ方向に沿ってしか割れません。細胞壁を横断するような形では割れないのです。

　これは、「細胞壁は鉄筋コンクリートでできた細

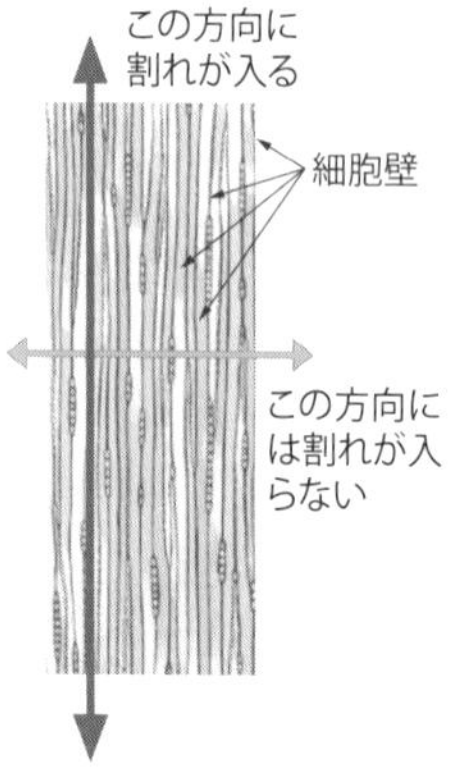

図1　割れの方向

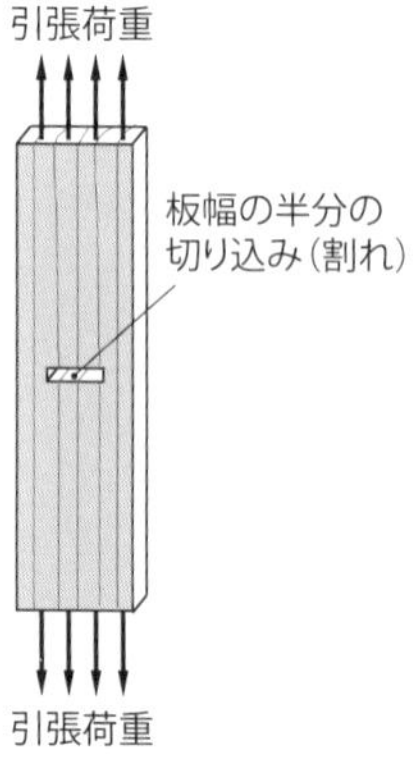

図2　割れがない板の半分以下の耐力しかない

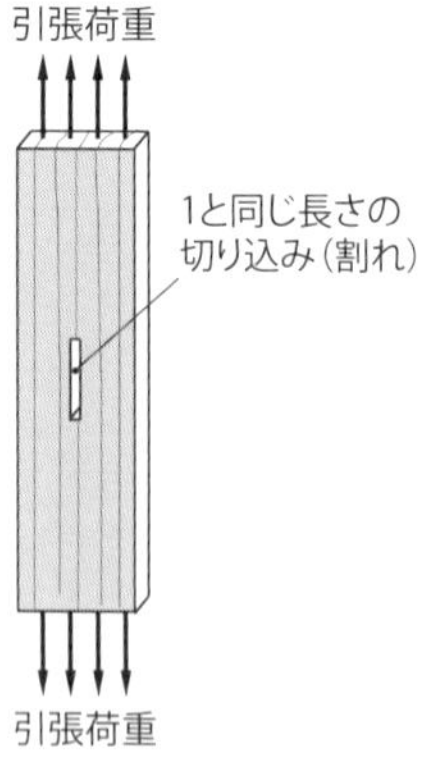

図3　ほとんど耐力が低下しない

長い袋のような複合構造」であるのに対し、「細胞壁同士はうすいコンクリートでつながっている」だけであるため、細胞壁同士の境界部分が破壊しやすいからです。

このように割れの方向が決まっているということが、木造で安心していられる最大の理由です。確かに、もし**図2**のような割れが入っていると、引っ張ったときの耐力は半分以下に落ちてしまいます。しかし、**図3**のように同じ大きさの割れでも長さ方向に入っているのであれば耐力はほとんど落ちません。先にも言ったように木材では**図2**のような割れは生じませんから（もしそんな割れがあったとしたら、それは木材が腐朽している証拠です）、我々は安心していられるのです。

もちろん、あまりにも割れが大きい、あるいは割れの数が多い場合には、話が別ですが、一般的な使い方によって生じる割れはほとんどが想定内ですから、心配には及ばないと言うことです。

それよりも、割れても大丈夫だという性質を利用して、人工的に最初から割れを入れてしまい、寸法のくるいや変形を抑制

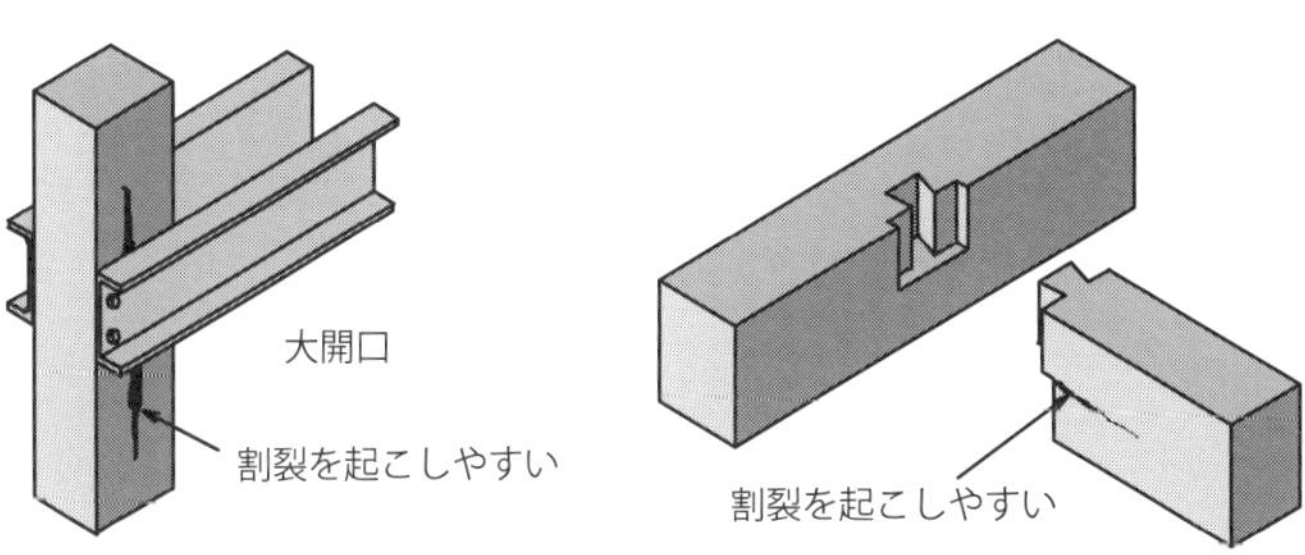

鋼製梁と木の柱の単純なボルト接合　　梁の下端を切り欠いた大入れ

図4　割れによって接合の強度が低下する例

するのに利用しているのが**写真1**の束に入っている「背割り」です。

なお、**図2**や**3**では、引張を想定していますが、圧縮でも同じ理屈が成り立ちます。また、梁のように曲げの荷重がかかる場合では、梁の下側が引張で上側が圧縮となり、両者の組み合わせとなるので、同じように解釈することができます。

このように「木材の割れは繊維方向に沿った形でしか発生せず、引張・圧縮・曲げの力を受ける部材に少々の割れがあっても、大きな強度低下はない」という結論にはなるのですが、実はちょっと心配なところも残ります。

図4はそんな一例です。接合部分に大きな割れがあると強度が低下する可能性があります。もちろん、わざわざこんな施工をしてしまう業者はないと思いますが・・。

第13話　木は燃えるけど、ほんとは燃えにくい

「木は燃えますか?」と訊かれたら、「子供じゃないんだからね!」と怒り出す人がいるかもしれません。それほどまでに、木が燃えることは常識中の常識です。しかし、「木は燃えやすいですか?」と訊かれたらいかがでしょうか。

「そういえば、バーベキューなんかで、薪《まき》に火をつけるのはけっこう難しいよね。う〜ん」と考え込む人も多いのではないでしょうか。さて、ここで問題です。「なぜ丸太を割って薪にするのでしょうか?」

たいていの人は「大きな丸太のままじゃ重くて扱いにくいから」とか、「割って小さくしたほうが乾きやすいから」と答えるでしょう。確かにこれらは正解ではあるんですが、「丸太のまま

写真１　燃焼試験後に取り出された集成梁

だと燃えにくいから、小さな薪にする」というのが最もわかりやすい答えではないでしょうか。つまり「大きな木は燃えにくい」のです。

第2話で取り上げたように、木材は二酸化炭素と水を原料にした有機化合物です。このため高温で加熱すると、150℃くらいから熱分解が始まります。このときに出てくる分解ガスと空気が混じったところに、スパーク（火花）などの口火があれば引火します。いったん引火すると、燃焼による熱が熱分解を促進してさらに燃焼が進みます*。

ところが、大変面白いことに一般的なプラスチック材料などとはちがって、木材の表面に形成される炭化層は熱を伝えにくいのです。いわば燃えながら断熱層が次から次にできるようなものです。このため燃焼の速度が急に上がるということがありません。

もちろん、マッチ棒のように木材の断面が小さい場合には、すぐに全体の温度が上がってしまうので、簡単に燃え尽きてしまいますが、木材の断面が大きいと燃え進むのに時間がかかる

写真 2　燃焼試験後の集成材断面

写真 3　燃焼試験後の梁接合部

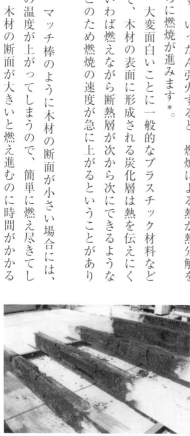

のです。

この炭化の速度は1分間に0・6〜0・8㎜程度なので、例えば30分間燃えても表面から18〜24㎜しか断面が減少しません。**写真2**は大断面の集成材を1時間燃焼させた後の断面です。表面が燃えて面積は減少していますが、内部は健全なままです。

写真3は燃焼試験後の梁の接合部です。燃えていない内側の部分では強度や剛性がほとんど低下しないので、鉄骨のようにフニャっと曲がったりしません。

このような木材の特性を利用して、断面積が減少しても建物が崩れないくらいの大きな木材を使えば、避難する時間を稼げるので、火災に強い木造建築となります。予め「燃えしろ」を持った木材で設計するので、これを「燃えしろ設計」といいます。

なお、現代の木造建築には、燃えしろ設計のみならず、火災に対して無防備であったかつての木造建築の弱点をカバーできるような技術がさまざまな形で取り入れられています。

公共建築物では、火災が起きても初期に消火できるようなスプリンクラーがごく普通に使われていますし、最近では火災に強い難燃部材もよく使われるようになりました。一般住宅でも石膏ボードのような無機質の面材料が壁や天井に使われています。

＊木材の熱分解温度は260℃を超えると急激に増加します。このため260℃を火災危険温度と呼んでいます。また、温度が400〜500℃になると、口火がなくても自然に発火します。

第14話

樹液が流れる音ってホントに聞こえるの？

皆さんはテレビに向かって思わずしゃべりかけてしまったという経験はありませんか。私が「そんなのウソでしょ！」と大声で叫んでしまったのは、某報道番組が数年前に屋久島から夜の生中継をしたときのことでした。

番組の冒頭でアナウンサーが巨大な屋久スギの横に立って「静寂の中に、樹液の流れる音が聞こえます。大自然に包まれて木は生きています・・・」なんてことを、思い入れたっぷりにしゃべるのを聞いて、思わず声を上げてしまったのです。

第2話で説明したように、樹木では根から吸い上げられた水が道管や仮道管を上昇していきます。また、葉で作られた栄養分が内樹皮を通って下降してきます。

このアナウンサーが言っている樹液とは根から吸い上げられた液のことなのか、それとも下降してくる師液《しえき》のことなのか、どちらのことを意味しているのかよくわかりません。しかし、いずれにしても樹液の流れる音が人間の耳に聞こえるはずはないのです。

というのは、樹液は非常に細い細胞の中をじわじわと移動しているからです。**写真1**からもわかるように、樹幹の中に人間の動脈のような太いパイプがあって、そこを樹液がドクドクと高速で流れているのではありません。

森林学会の文献によると、スギでは夏の蒸散の激しい時期に、1時間に20㎝、つまり時速20㎝で樹液が上昇しているそうです。こんなにゆっくりしたスピードで動いている液体から人間の耳に聞こえるような音が出るでしょうか。

もし樹幹に耳を当てて何か音が聞こえたとすれば、それは幹や枝や葉が動く音とか、地中から伝わってくる何か別の音でしかありません。何しろ、木材中を伝わる音の速度は空気中の10倍くらいはありますので、音が伝わりやすいのです。

このアナウンサーが屋久スギの森で感じた感動を視聴者に言葉で伝えたいという想いはよくわかります。しかし、だからといって、正確な情報伝達が要求される報道番組で、ありもしないことを事実のように演出するのはいかがなものでしょうか。

話は変わりますが、ある建築士さんから聞いた話ですが、

写真1　スギの丸太

幼児を森に連れて行って、木に聴診器を当てさせ「ほら、樹液が流れている音が聞こえるでしょ。木も生きているんですよ。だから木を大事にしないとね」なんてことを教育している幼稚園があるそうです。

確かに「樹木も人間も生きている」ということを子供に教えるのは重要なことかもしれません。しかし、もしそうであるなら、こんなウソを教えるのではなくて、もっといい方法がほかにいくらでもあるはずです。

大きくなって、学校でウソを教えられていたとわかったときのショックは、この本をここまで読まれてきた方なら、すでに何回か体験済みだと思いますが、いかがでしょうか。

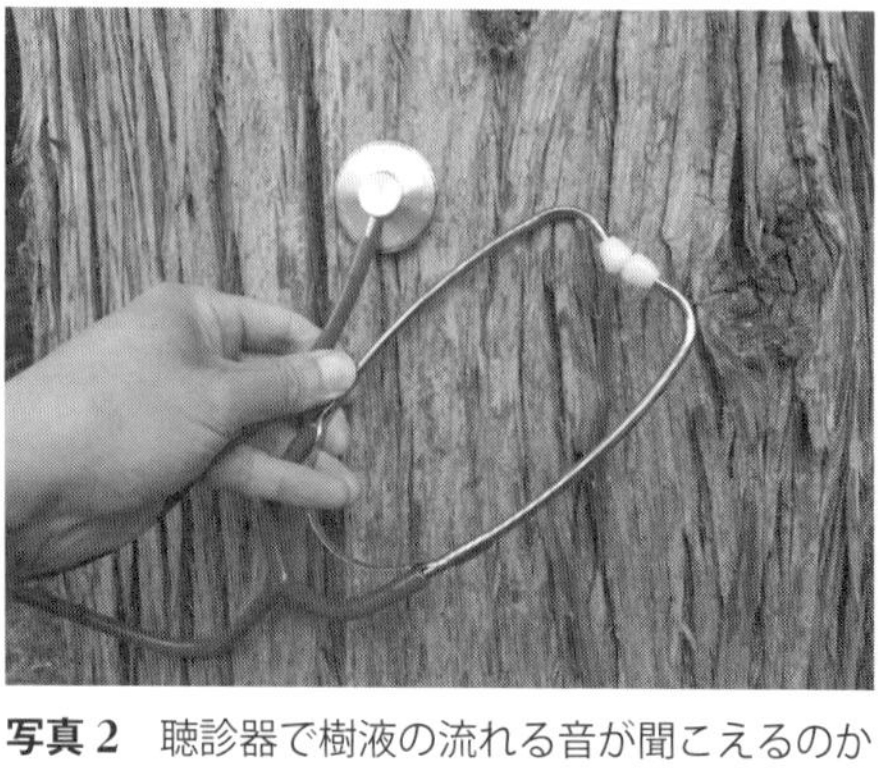

写真 2　聴診器で樹液の流れる音が聞こえるのか

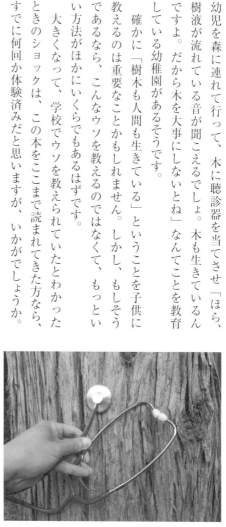

第15話　木の枝と節は南東側に多いというウソ常識

これまで、ごく普通の日本人が信じている「木についての間違い知識」をいくつか紹介してきましたが、今回は木造建築業界の人たちが信じ込んでいる「ウソ常識」についてご紹介します。

実は、それが今回のタイトルにある「木の枝は南東側に多いので、南東側に節が多くなる」という珍説です。ちょっと我々の身の周りの木を見てみれば、そうでないことがわかるはずなのに、大工さんや建築士さんの中に、この説を信じている人が多いのです。

勘違いしている理屈としては、第1話で説明した「年輪は南側が広い」と同じく、「南のほうがよく日が当たるから」

写真1　ケヤキの枝振り

ですが、もう少し詳しく説明すると次のようになります。

一般にスギやケヤキのような高木は、孤立した状態であれば、地面に垂直に樹幹が伸びて、四方八方にバランスよく枝を出します（**写真1**）。東西南北の方角は関係ありません。それが日光を取り入れるのに最も効率的な形態だからです。

ところが、林の中では他の植物との間に日光の取り合いが生じますから、高木は自分の好きなように育つことができません。そこで「明るいところに枝と葉を重点的に配置する」という法則にしたがって、高木は樹形を変えていきます。

その典型的な例が**写真2**です。道路を挟んでスギの林があります。これを模式的に表したものが**図1**です。道路に面した側では光が得られますから、林の端部にある林縁《りんえん》の樹は、道路側に枝と葉を残します。一方、林の内部にある林内《りんない》の木は、日当たりが悪い部分の枝を枯らしてしまいます。先の法則が成立していることがおわかりいただけるでしょう。

さて、ここで最初の話に戻ります。もし図の左側が北だとすると、道路の右側の林縁の木は北側に枝が多いことになります。ということで、「木の枝は南東側に多い。その結果、南東側に節が多

写真2　道路側に枝を出したスギ

図1　スギ林の模式図

くなる」という説は全く成り立たないのです。

なお、この例では樹種がスギですが、広葉樹であっても「明るいところに枝と葉が配置され、光合成の効率の悪い葉や枝は切り捨てられる」という基本的な法則は変わりません。街路樹が光を得やすい道路や線路側に枝を広げ、両側から道や線路の上にはみ出してくるというのは、よく見られる風景（**写真3**）ですが、これもまた先の法則に従っているわけです。

いずれにしても、これらの例から明らかなように、枝の出方と数は東西南北の方角とは関係がありません。もちろん節の多さと方角とは無関係です。

実はこの珍説は有名な古建築の棟梁（故人）が言い出した話です。この棟梁が書いてベストセラーになった本にこの話が書かれてあったため、木造建築の業界人の多くが「木も森も見ない」で、この説を頭から信じ込んでしまったのです。某ＴＶ局でもこの珍説を真説として取り扱った番組が何回か放映されたことがあります。

この本ですでに紹介した「木の年輪は南側が広い」や「正倉院校倉の通風説」などの巷説と同様に、この珍説もこれから何十年もの間、あちこちで語り継がれることになるかもしれません。

写真３　光が採れる線路側に枝を張り出した広葉樹

第16話 壁の中をのぞいてみるとこんな感じ

これまで一般教養として是非知っておいていただきたい「樹と木と木造の常識」について解説してきましたが、今回は正直なところ、面白いウンチク話ではありません。というのは、目には見えない顕微鏡の世界の話だからです。

しかし、今回の話を頭に入れておくと、木材に関する色々な現象が、簡単に理解できるようになりますので、ぜひ最後までおつきあいください。

さて、木材の細胞の多くが写真のような細長い中空のフクロ状であることは、これまでに何回か解説してきました。今回は、その細胞の壁がどのような構造になっているかを説明します。

まず、化学的に見ると、木材の細胞壁は、セル

写真 1　針葉樹の細胞（仮道管）

ロース、リグニン、ヘミセルロースという3種類の化学成分からできています。こんな名前を覚えておく必要はありませんが、これらを鉄筋コンクリートに例えると、セルロースが鉄筋、リグニンがコンクリート、ヘミセルロースが鉄筋をつないでいる鉄の番線というような関係になります。

とは言っても、細胞壁の構造は鉄筋コンクリートほど単純ではありません。まず、**図1**の（a）を見てください。鉄筋に相当するセルロースは、光合成で作られたグルコース（糖）が線状につながったような形をしています。ただ、その細い線がバラバラに存在しているのではなくて、通直な束のようになっています。まあ、スパゲティやそうめんの束を想像してもらえばわかりやすいでしょう。

ただ、**図2**に示したように、この束はスパゲティと違って、セルロース同士ががっちりと結びつい

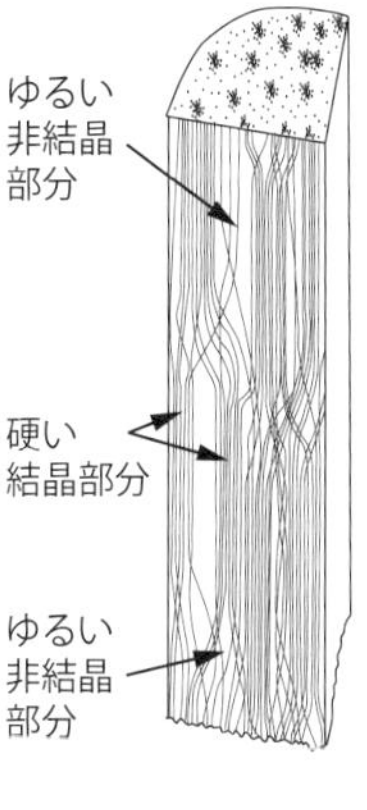

図2　セルロース分子の束（概念図）

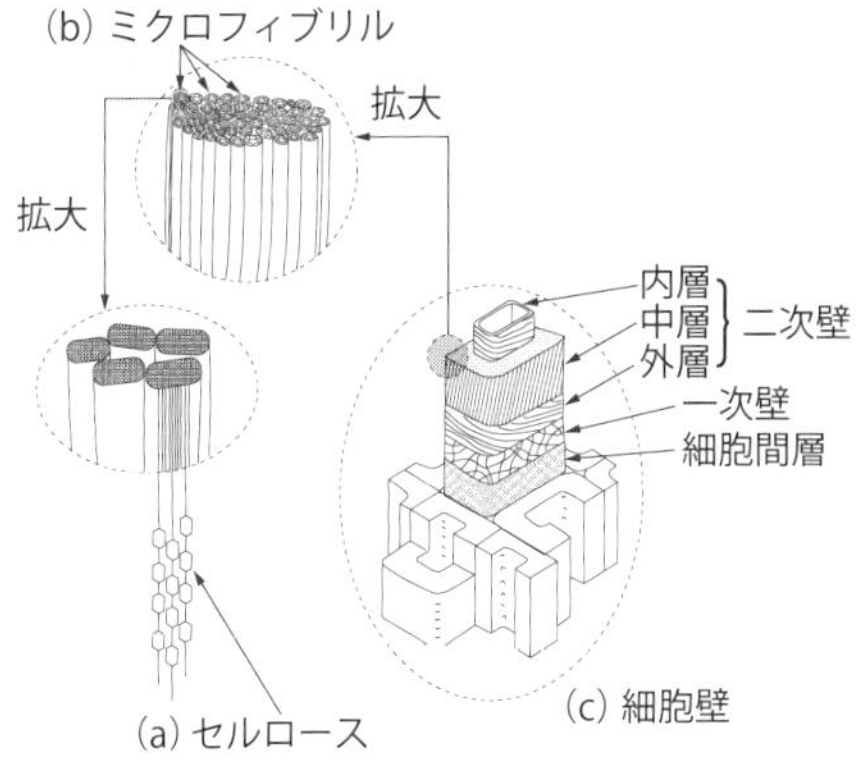

図1　細胞壁

ている結晶部分と、ゆるく束ねられている非結晶部分とがあります。このような束がいくつか集まって、**図1**の（b）のようなミクロフィブリルを作っています。

細胞分裂のときに、このミクロフィブリルができて、円筒状の壁が形づくられるのですが、**図1**の（c）のように層ごとにミクロフィブリルの並び方が違っており、構造はちょっと複雑です。また、ミクロフィブリルだけでは壁にならないので、リグニンがミクロフィブリルを塗り固めています。あくまでもイメージですが、溶いた小麦粉でスパゲティの束を固めているようなイメージを想像してください。

かなり大ざっぱな表現ですが、こんな感じで一本一本の細長い細胞壁が作られています。なお細胞同士の間にはリグニンだけの細胞間層という薄い層があります。

以上説明したことを理解しておくと、色々なことがわかりやすくなります。例えば、割り箸がパリンと割れるのは、細胞同士がリグニンだけで結合しているので、細胞間層に沿って割れが簡単に進行してしまうためです。

また、木材が水を吸ったり吐いたりすると狂いが生じるのは、セルロースの束のゆるい部分やミクロフィブリルの隙間に、水の分子がくっついたり離れたりして、細胞壁を膨らませたり収縮させたりするからです。

もちろん、これ以外にも色々な現象や特性がこのような細胞構造から説明することができます。

第17話 若木に雪（風）折れなし

「柳《やなぎ》に雪（風）折れなし」ということわざがあります。「柔軟なものは堅剛なものよりもかえってよく事に耐えうることのたとえ（広辞苑）」ですが、実は、柳だけではなくてスギやマツのような普通の樹木も、「若い間だけ」という条件は付きますが、外からの力に対してしなやかに耐えられるようなメカニズムを持っています。

若木が折れにくいという証拠の写真を示します。これは若いクロマツの梢を下に引っ張って曲げているところです。これだけ大きく曲げても、まったくダメージがありません。手を離すと、元に戻ります。

これが、もし大きなマツだったらどうでしょうか。こんな

写真1　簡単に曲がるマツの若木

ところまで曲がる以前に、ボキッと折れてしまいます。このことから明らかなように、太い大人のマツと若いマツでは樹幹の曲がりやすさが違うのです。

この変形のしやすさを表す数値がヤング率（ヤングは人の名前）です。**図1**にあるようにヤング率が高いほど変形しにくく、低いほど変形しやすくなります。つまり、太い樹幹はヤング率が高く、逆に樹齢が若い、あるいは成木であっても先端の細い部分はヤング率が低いのです。どこまで変形できるかは別の問題になってしまうのですが、ともあれ、ヤング率の低いほうが曲がりやすいのです。

さて、本書で何回も説明してきましたが、樹木は樹皮と木部の間にある形成層《けいせいそう》が細胞分裂して横に太っていきます。実はこのときにできる細胞（スギなら仮道管）の構造が、形成層の若いときと成熟したときとでは異なるのです。

図2のように、若い形成層では細胞壁にあるセルロースの束（ミクロフィブリル）が大きく傾いた細胞ができます。理屈はともかくとしてこれによって木材のヤング率が小さくなります。また、できる細胞も短いものになります。

樹木は年齢が若いうちは自分の重量が軽いので、変形しやすい細胞を作って折れにくくしていれ

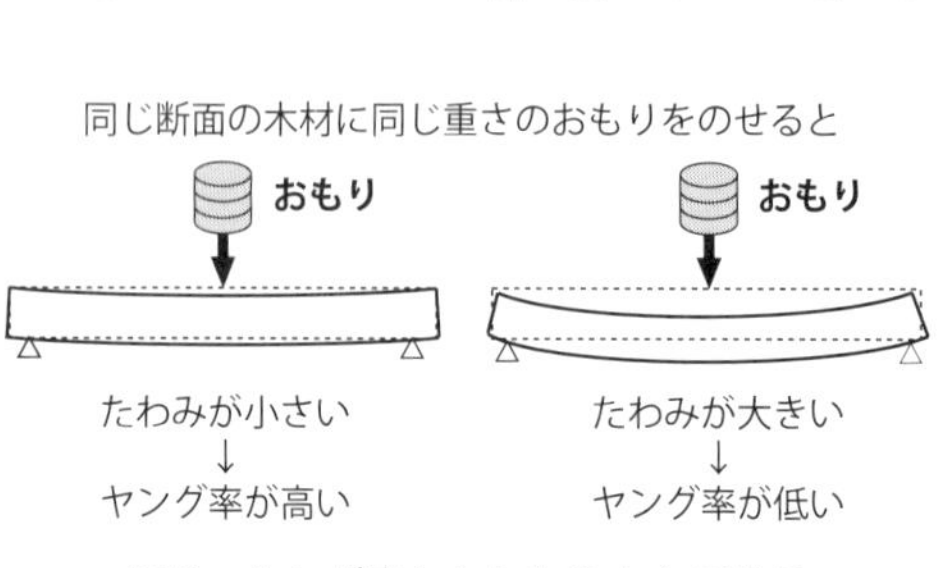

図1　ヤング率とたわみやすさの関係

ばよいのですが、成長して樹体が重くなってくると、しっかりと自分の体を支えなくてはならなくなります。

そこで、ある程度年齢が高くなった形成層は、ミクロフィブリルの角度を垂直に近づけてヤング率を高めた細胞を作るようになります。また細胞自体の長さも長くなります。

どれくらいの年齢になったら、形成層がヤング率の高い細胞を作りはじめるのかというと、樹種によって色々ですが、スギの人工林なら15年くらいと言われています。なお、それ以降に形成される材を成熟材、逆にヤング率が低い部分を未成熟材《みせいじゅくざい》と言います。

ここで誤解してはならないのは、大きな成木であっても直近で10~15年くらいの間に成長した樹幹や枝の先端部分は未成熟材のままだということです。また、いったん未成熟材として形成された細胞は、成熟材に変わることはありません。したがって、樹齢数百年の大きな断面のスギでも中心から15年くらいまでの年輪は未成熟のままです。

いずれにしても、一本の丸太の中には、色の異なる辺材・心材だけではなしに、成熟材・未成熟材という強度的性質の異なる部分も同時に存在しているのです。

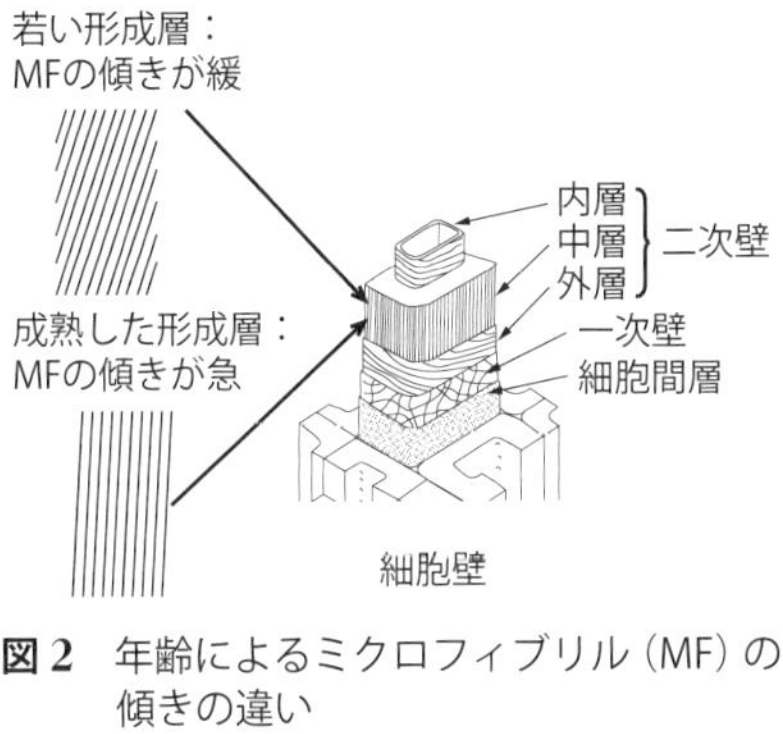

図2　年齢によるミクロフィブリル（MF）の傾きの違い

第18話　なぜ木を伐って使わなければならないのか？

これまで、木に関する色々な誤解や間違い知識を紹介してきましたが、まだ紹介していない誤解の中で最大のものが「木を伐って使うことは環境破壊だ！」でしょう。

今回は、環境破壊どころか、「上手に木を植え、上手に木を伐り、そして上手に木を使うことこそが、地球環境の保全につながる」ということについてお話ししたいと思います。

まず、**図1**を見てください。この図は18世紀半ばの産業革命以前と現在の地球を比較したものです。人類が石油や石炭を掘り出して大量に燃やしてしまったため、二酸化炭素（CO_2）の濃度が増えて、色々な地球環境問題が生じている状況がおわかりいただけると思います。

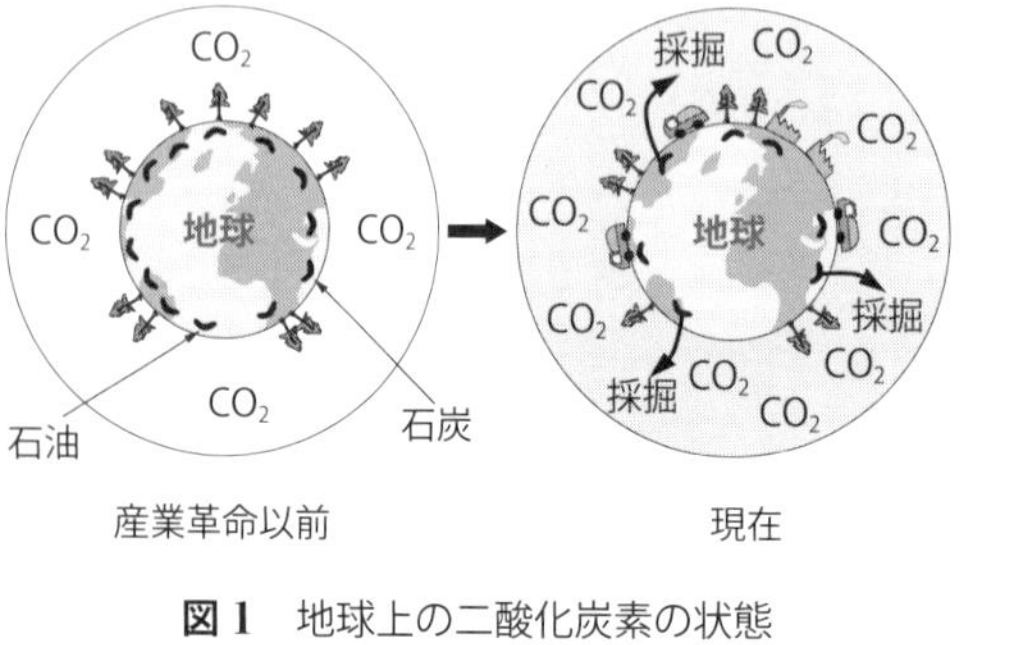

図1　地球上の二酸化炭素の状態

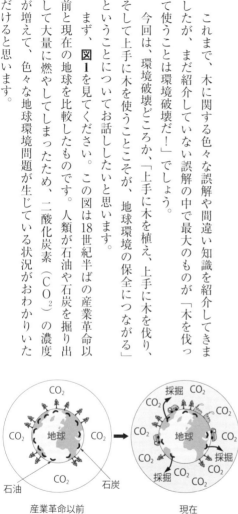

では、この問題を解決するにはどうすればよいのでしょうか。答えは簡単です。空気中のCO_2が増えて困っているわけですから、それを地上に固定してあげればよいのです。

もちろん固定するのにエネルギーを使ってしまっては元も子もありません。そこで思い出してほしいのが、第2話で説明した植物の光合成です。植物はCO_2を吸収してO_2を放出してくれるわけですから、こんなありがたい話はありません。

とはいえ、草本《そうほん》はすぐに枯れて分解してしまうので炭素を長期間固定するというわけにはいきません。ところが、木本《もくほん》は炭素を樹体内にずっと固定したままですから、森林を増やしてやれば、空気中のCO_2はそれだけ減少することになります。このためもあって「木を植えましょう、植林しましょう」という活動が続けられてきたのです。

しかし、この作戦には一つ大きな問題があります。**図2**を見てください。これは森林の炭素貯留量のモデルです。森林は植林されて年齢が若いうちは頑張って炭素を貯留しますが、ある程度の年齢になってくると貯留能力が頭打ちになってしまいます。つまり、それ以上炭素を固定しなく

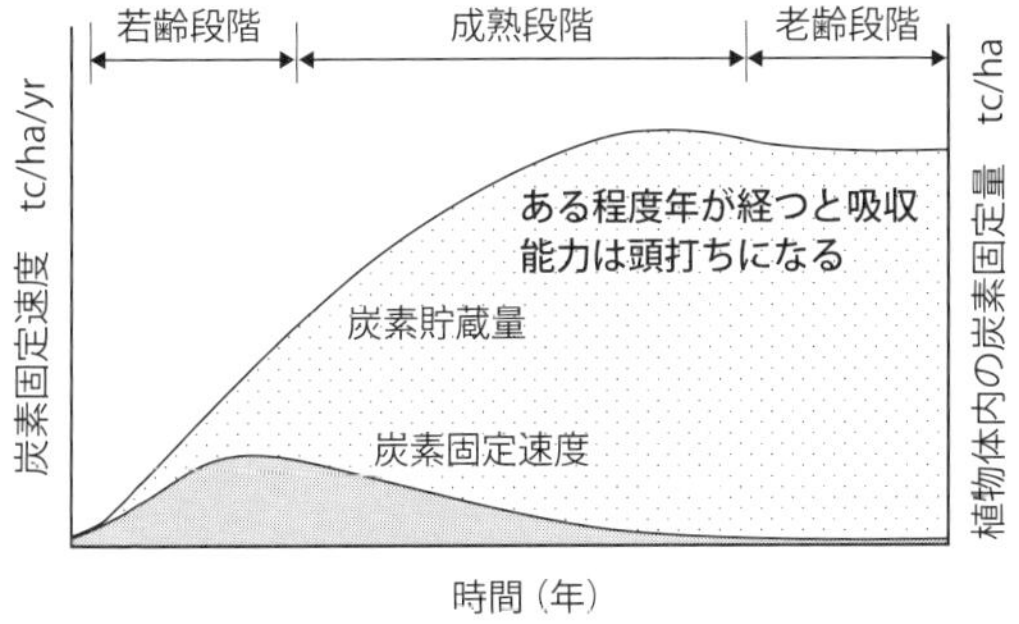

図2　森林の炭素貯留量モデル（藤森隆郎『森との共生』丸善、2000年を参照）

なってしまうのです。

ではどうすればよいでしょうか。これも答えは簡単です。伐ってあげればいいのです。間伐《かんばつ》のように一部を伐ってあげれば、余裕ができた森林はCO_2をまた吸収するようになります。よしんば森林を全部伐ったとしても、そこに新たに苗を植えてあげれば、それはそれでまたCO_2を吸収・固定してくれるのです。

問題は伐ったもの（つまり木材）をどうするかです。伐ったものを簡単に腐らしたり燃やしたりしてしまえば空気中にCO_2が戻ってしまいますから意味がありません。

そこで、伐ったものを我々の生活に役立つ木造住宅や家具などの木製品に変えてやるのです。木材が木材である限りCO_2は炭素として固定されたままですから、この作戦なら我々は空気中のCO_2を減少させながら、生活資材を持続的に得ることができるのです。だから「木を伐って使わなければならない」のです。

もちろん、「何が何でも木を伐って使え！」と言っているのではありません。広く世界を見渡せば森林破壊を起こしている途上国もありますから、そんなところから切り出す必要はありません。また、再生できるかどうかもわからないような山奥の天然林から、エネルギーを使って運び出してくる必要もありません。それよりも何よりも、戦後営々として我々の先輩たちが植林してきてくれたスギやヒノキがそれこそ山のように手近な山にあるのです。

近年、森林資源が豊かな国で木材を上手に使うことと、開発途上国での森林破壊とは別物であるということに、日本のマスコミもようやく気がついてきたようです。何十年も続いてきた「木材利用悪者キャンペーン」は終焉しつつあります。しかし、多くの日本人の頭の中に植え付けられてしまった木材利用に対する「罪悪感」はそのまま残っています。

実は秋田県立大学の生物資源科学部の新入生相手の講義でこの話を毎年しているのですが、授業の後で提出させるレポートには、判で押したように「先生の話を聞くまで、木を伐るのは環境破壊だと思っていました」、「木材を使うのはよくないことだと思っていました」という文言が並んでいます。

環境問題に意識の高い農学系の学生でさえこの調子ですから、後は推して知るべしといったところでしょう。

ちょっと大げさですが、このような洗脳状態から日本人を解き放つことができなければ、「持続可能な循環型社会」の創成はあり得ないと思うのですが、いかがでしょうか。

第19話 実はロマンティックでないアカシアの木

秋田に来たのは初めてというお客さんから時折聞かされる感想に「このあたりって、何でこんなにアカシアが多いんですか？」があります。

アカシアというとロマンティックな印象を持たれる方も多いと思いますが、秋田県内では、もはや凶暴と言ってもよいような大繁殖ぶりです。

ということで、実はあまりロマンティックでないアカシアのよもやまについて、今回は説明してみたいと思います。

アカシア（正確にはニセアカシアまたはハリエンジュ）は乾燥地や砂地などの荒廃した土地を緑化できる樹種ということで、明治期に我が国に導入されました。

なぜ荒廃地でも育つのかというと、基本的にマメ科の植物だからです。マメ科の植物の根には根粒というこぶ状の組織があって、そこに根粒菌というバクテリアが住みついています。この菌が空気中の窒素（N）を取り入れて、植物の生育に必要な養分となるアンモニアに変え、それを直接マメ科の植物に提供します。一方、根粒菌は植物から生きるための栄養をもらいます。両者はいわゆる「共生」という関係にあるわけです。

第2話で説明したように、植物の成長には窒素（N）、リン（P）、カリ（K）といった無機の栄養素が必要ですが、マメ科の植物は根粒菌の助けがあるため、窒素が少ないやせた土壌であっても、生育できるのです。

今では珍しくなりましたが、昔は春になるとマメ科の草本であるレンゲの花が農地一面に育っているのをよく見かけました。これはきれいだからレンゲを育てているのではなくて、花を咲かせたレンゲを土にすきこんで肥料にするためです。

ちょっと話がそれましたが、アカシアはこれ以外にも、成長が早くて生命力が旺盛であるため、鉱山周辺のはげ山などの緑化にはうってつけの樹種でした。秋田県の鉱山町である小坂ではかつてアカシアが数多く植栽され、現在でも毎年アカシア祭りが開かれています。

写真1　アカシアの花とクロマツ砂防林への大侵入

このような緑化木、肥料木としての利用以外にも、アカシアには良質なハチミツが採れる蜜源植物であるという大きな利点があります。

以上述べたような意味では、アカシアはまぎれもない有用樹種なのですが、最近ではその繁殖力の強さが災いしてか、環境省の指定する要注意外来生物リストに指定されてしまいました。

その理由としては、クロマツ林等に侵入し、生態系を変えてしまう、生物多様性を低下させる、希少な植物の生育を妨害するといった外来種に特有な問題があげられています。また、伐っても萌芽が出てくる、あるいは強烈なトゲがあるといった駆除・管理の難しさが、この説の広がりに拍車をかけているように思われます。ただ、これらには当然、異論もあります。

アカシアの問題がこれからどう展開していくのかは、私の専門分野から外れてしまうので、ちょっと予想がつきませんが、いずれにしても、アカシアに罪はありません。なんとかうまく観光資源になってくれれば・・・と願うばかりです。

過去にそんな経緯があったとは…

第20話　林業はなぜ必要なのか？

秋田県立大学生物資源学部の新入生相手の授業に「生物資源科学への招待」という科目がありま す。オムニバスなので私の担当は1回だけですが、この授業で最も力を入れて説明しているのが、第18話で紹介した「なぜ木を伐って使わなければならないのか」です。

新入生の多くは小中高校で「木材を利用することは環境破壊だ」と教育されていますので、まずはその誤解を解いておかなければなりません。そうでないと、秋田県立大学の附置研究所である木材高度加工研究所（木高研）で、なぜ木材の研究をしているのかということが理解してもらえないからです。

これを十分理解してもらったうえで、次に説明するのが、今回のテーマである「林業はなぜ必要なのか」です。上手に木を植え、上手に木を伐り、上手に木を利用するのが木材利用の基本ですから、植えて伐る林業に関しても、学生諸君に理解してもらわなくてはなりません。

とはいえ、彼らのほとんどは林業についての知識をもっていません。そこで、まず林業の仕事の流れについて時系列で説明します。林地を整地する「地ごしらえ」、苗木の「植え付け」、草を刈取る「下刈り」、侵入雑木を除去する「除伐」、一部の木を抜き伐る「間伐」、丸太を集めて運び出す「集材・運材」などについて、写真を使って説明します。

しかしこれだけでは林業の作業がわかるだけで、林業の重要性は理解できません。そこで次に説明するのが**図1**です。

この図は、森林が何の役にたっているのかを説明したものです。単なる木材生産だけではなく、地球環境保全、土砂災害防止、水源涵養といった実に数多くの機能を

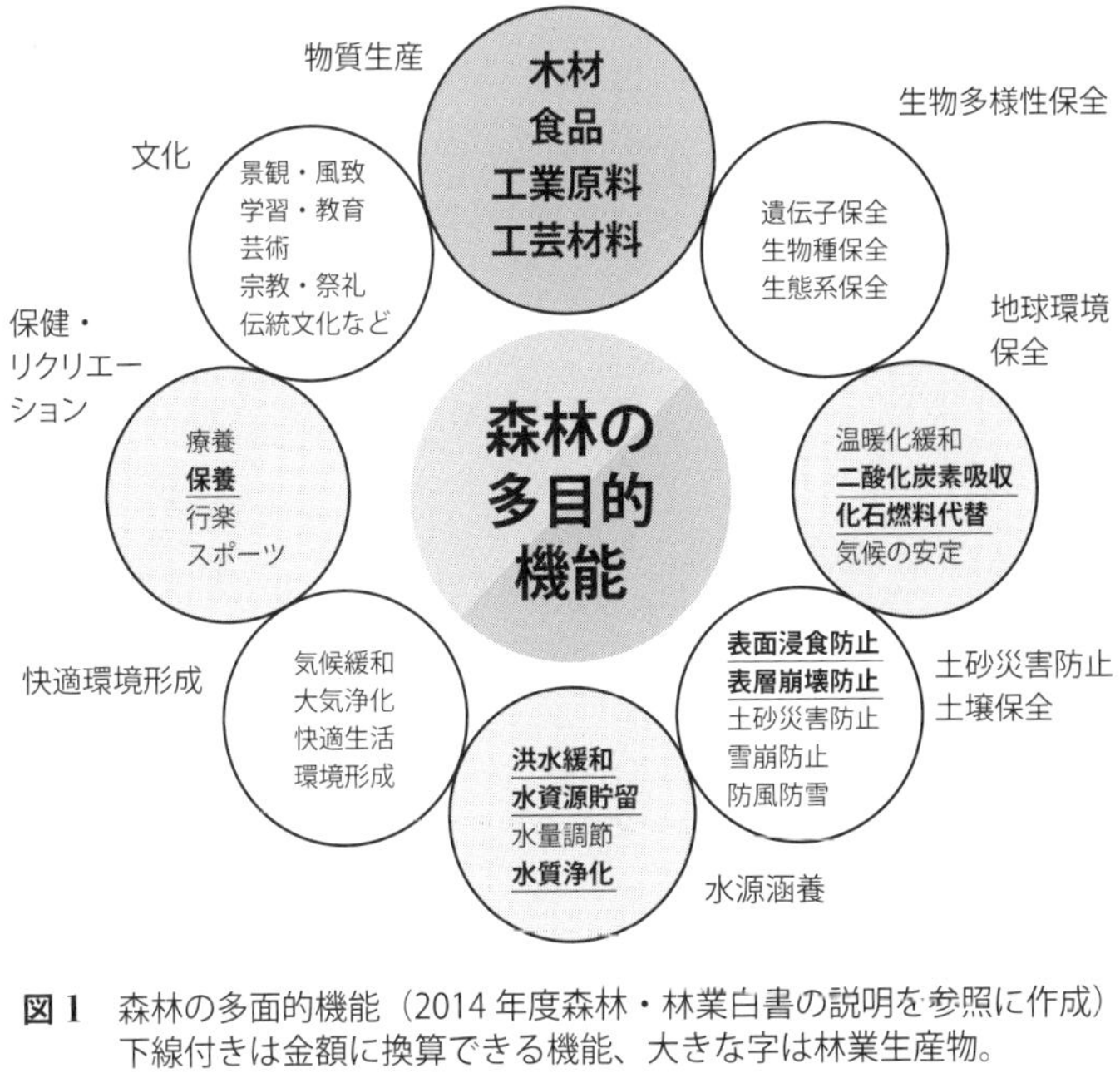

図 1　森林の多面的機能（2014 年度森林・林業白書の説明を参照に作成）
下線付きは金額に換算できる機能、大きな字は林業生産物。

森林が持っていることがわかります。

これらの中で、簡単に金額に換算できる機能（**図1**下線の項目）だけを足し合わせると、何と年間70兆円に達します（日本学術会議2001年の試算）。日本の実質国内総生産GDPが2014年度で525・9兆円ですから、森林のGDPに与える影響がいかに大きいかがわかります。

森林からの益のすべてを林業が担っているわけではありませんが、林業という産業がなければ、それが大きく減少してしまうことは明らかです。このことから、いかに林業が重要であるかがおわかりいただけると思います。

しかし、日本全体における林業そのものの産出額はわずかに4322億円（2013年）でしかありません。森林が生み出している益に比べればまさに桁違いに小さい額でしかありません。

うちの裏山は、毎年これだけの二酸化炭素を固定していて、これだけの水を供給している。だからこれだけお金をちょうだいと言っても、誰も相手にしてくれません。基本的に木を伐って売るしか、収入を得る手立てはないのです。

スギ山を見たときに、ちょっとでもいいからこんな林業の状況に思いを巡らしていただければ幸いです。

第21話

木造の構造には色々あって（Ⅰ）軸組式構造

木材を主要な構造材料に使った建築が木造建築ですが、実はわが国の木造建築には大きく分けて7種類もあるということをご存じない方が多いようです。

ただ、7種類と言っても、地震や風のような外力に対する抵抗のメカニズムの違いから考えると、軸組式と壁式の2種類になります。

図1からおわかりのように、組み上げられた軸の部材が一体となって抵抗するのが軸組式で、壁全体が抵抗するのが壁式です。

さて、7種類ある木造建築を、1回だけでは説明できませんので、今回は軸組式、次回は壁式の2回に分けて説明します。

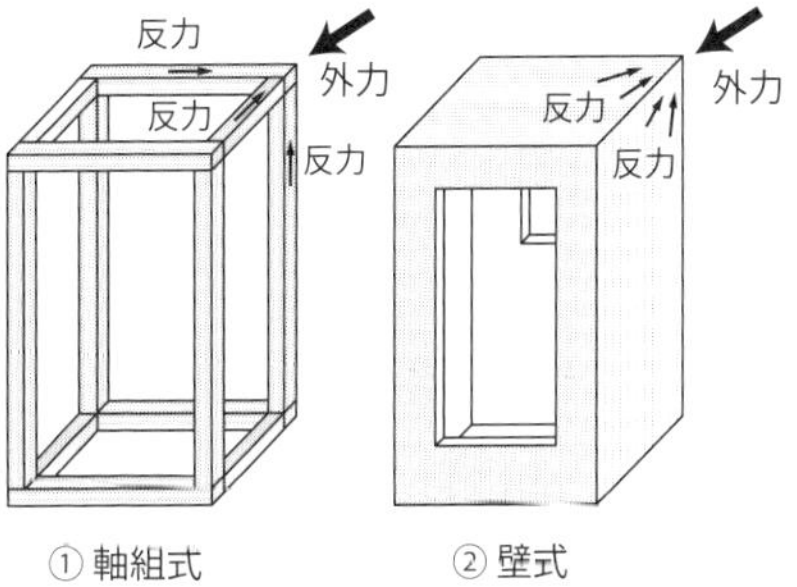

図1　軸組式と壁式の違い

もちろんそれぞれにさまざまな特徴がありますので、組み立て方と耐震性を中心に解説します。

■伝統工法＊

伝統工法は、明治維新以前に完成されていたわが国特有の木造工法で、比較的大規模な「寺社建築」や「城郭建築」と、小規模な「民家」などに区別されます（**写真1～4**）。ただ、どちらにしても、その種類は数多く、地域差があります。また、工法が確立されるまでには、変遷が見られます。

共通する特徴としては、①柱や梁のような軸材を使うこと、②和風の継手仕口《つぎてしくち》を使うこと、③筋違《すじか》いのような斜材をほとんど用いないことがあげられます。

耐震性に関しては、各地に残る五重塔や三重の塔のように、驚異的な耐震性を持った建物（未だ

写真1　厳島神社五重塔（広島県廿日市市）

写真2　松本城（長野県松本市）

写真3　箱木千年家（神戸市北区）日本最古の民家

かつて地震で破壊した例がなく、現在でもその謎が完全に解明されていない）もありますが、現代の技術水準から見れば、不十分な耐震性しか持ち合わせていないものがほとんどです。もちろん、贅沢な材料を惜しみなく使った建物は、それ故に過去の地震で破壊されることもなく、また破壊されてもすぐに修復されて、現在も存在しているわけですが、だからといって、伝統建築の耐震性が高いとは言えません。

■在来軸組工法

この工法は、最も一般的な住宅の建て方で、在来工法あるいは木造軸組工法とも呼ばれています（**写真5**）。歴史的には、江戸時代の武家屋敷に源を持つものですが、明治維新以前に完成されてしまった伝統工法とは違い、時代とともに大きく変遷を遂げてきました。

耐震性に関しては、阪神淡路大震災の後に規制が強化され、筋違

＊構法とも書きます。どちらを使うかは人によって思い入れが違うのですが、ここでは工法に統一しておきました。

写真4　佐倉藩の武家住宅（千葉県佐倉市）

写真5　在来軸組工法住宅

いを入れたり、厚い合板などの面材を貼ったりして、壁や床の剛性を高めることがより要求されるようになりました。また、継手仕口を補強する金物も多用されるようになってきました。ただ、現在の耐震基準に適合していない構造の古い建物（既存不適格建築）も数多く存在しており、これが阪神淡路以降の大地震でも大きな被害を受けてきました。

■大断面木造

大断面木造は、集成材建築あるいはヘビーティンバー建築などとも呼ばれ、木造の体育館や、中大規模の建物などに多く用いられています。大きな断面の集成材が主要構造部材として使われるのが一般的で、木高研の本館（**写真6**）や、大館の樹海ドームも、大断面木造です。第13話でも説明しましたが、木材の表面が燃えても、内部がすべて炭化するには長時間を要しますので、耐火性能が高いのが特徴です。

耐震性に関しては、この構造だから耐震性が高いというわけではありませんが、きちんとした構造計算を行わないとこの種の構造物は建築できませんので、現行法規では十分な耐震性を持っていると言えるでしょう。

写真6 秋田県立大学木材高度加工研究所の本館（大断面木造）

第22話　木造の構造には色々あって（Ⅱ）壁式構造

21話に引き続き、大きく分類して7種類もある日本の木造建築について、それぞれの特徴を、組み立て方と耐震性を中心に解説します。今回は壁式構造です。

■枠組壁工法

枠組壁工法は正式な名称よりも、ツーバイフォー工法という通称のほうが一般的になってしまいました。もともとは北米の在来工法で、1974年にわが国に導入されたものです。通称の由来は、断面が2インチ×4インチの規格化された木材を多用するところにあります。この木材で枠組を作り、その上に厚い合板や木質系ボードをくぎで打ち付けます。このパネルを壁や床などの耐力部材とするのがこの工法の特徴です。

写真1　建設中の枠組壁工法住宅

阪神淡路大震災では、この工法がわが国に導入されてからたかだか20年程度しか経過しておらず、古い建物がほとんど存在していなかったことや、新規導入された工法であったために、構造性能への要求が厳しかったこともあって、全壊半壊のような被害が少なかったこと＊が報告されています。

■プレハブパネル工法

プレハブパネル工法は昭和30年代後半（1960年ごろ）に初めて登場してきたもので、工場で予め製造しておいた床・壁・屋根パネルを多数の釘、あるいは釘と接着の併用によって現場で組み立てるものです。

阪神淡路大震災では、ツーバイフォーと同様に大きな被害がなかったこと＊が報告されています。

■丸太組工法

丸太組工法は、正倉院に見られるような校倉《あぜくら》構造で、縦横に木材（丸太とは限らない）を積み重ねて壁にするものです。一般的

写真2　建設中のプレハブパネル工法住宅とパネル（手前）

写真3　丸太組工法

な住宅に使われることは少なくて、別荘やレストランなどの商業建築に利用されることがほとんどです。１９８６年に技術基準が整備され、それ以後一般的に建てられるようになりました。

　この工法では木材の端部を切り欠いて隅の部分を接合しますが、それだけでは横からの地震力に対して弱いので、土台から壁の上部にかけて、長いボルトで締め付け、壁を一体化しています。

■ＣＬＴパネル工法

　ＣＬＴ（直交集成板）は、第55話で改めて説明しますが、ここで簡単に説明しておくと、ひき板を幅方向に並べ、その層を合板のように直交積層した大型の構造用木質材料です（**図1**）。このＣＬＴをそのまま壁や床に用いて組み立てる方法がＣＬＴパネル工法です。２０１６年の4月から一般

＊鈴木祥之『建築雑誌』第１１０巻、32～34頁、１９９５年

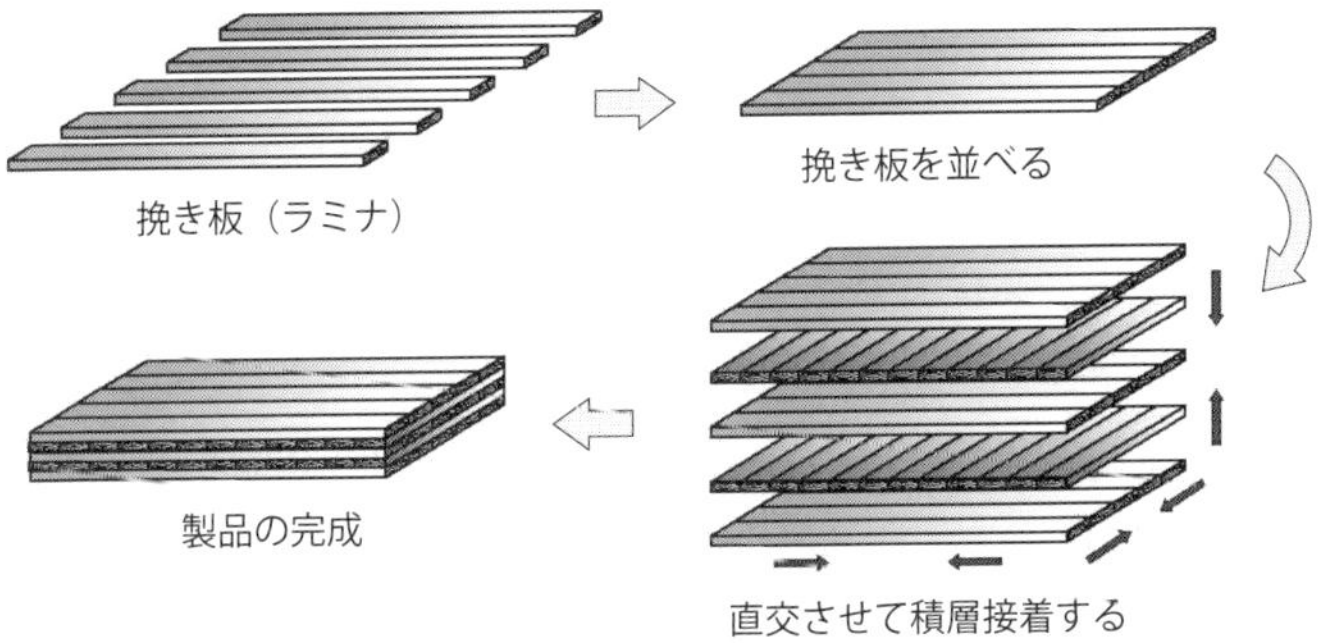

図1　CLTの製造

的な工法として認められ、他の工法（伝統工法は除く）と同様に建築できるようになりました。

今のところ大地震に見舞われた例はありませんが、7階建ての実大建物に阪神淡路地震の地震波を入力して、耐震性を調べる加震実験が2005年に行われ、またその後、何回か実大建物の加振実験が行われており、その耐震性の高さが認められています。

■おわりに

2回にわたり、わが国の木造建築の種類とその耐震性について、ごく簡単に説明しましたが、伝統工法以外については、どちらの耐震性が高いかというような議論は成立しません。現行法規に定められた耐震性を十分満足しているかどうかが問題です。もちろん、地盤が非常に悪い場合は、耐震性に優れた建築であっても、いかんともしようがありません。

写真4 CLT工法を用いた実験住宅（建築研究所）

第23話　木の物理特性は熱よりも水で決まってしまう

世の中には金属、プラスチック、コンクリートなどさまざまな「材料」があって、それぞれの特性に応じた用途で使われています。しかし、それぞれに問題というか弱点もあります。真夏の高温によるレールの変形、コンクリートの中性化による橋脚の腐食、金属疲労による飛行機のトラブルといった記事を目にされた方も多いでしょう。

木材の場合、特性に大きな影響を及ぼす因子はなんと言っても水分です。「木の利用は水で決まる」と言ってもいいくらいです。ということで、今回は木材中の水分についてお話ししたいと思います。

さて、一口に木材中の水分といっても、実は細胞壁の腔内《こうない》に、液体のまま存在している自由水《じゆうすい》と、細胞壁の壁中に吸着《きゅうちゃく》している結合水《けつごうすい》の2種類があります。

まず**図1**を見てください。四角い筒が細胞壁です。伐採されてすぐの状態では、①のように細胞の内腔に水が溜まったままになっています。この水が自由水です。一方、細胞壁やその内部のすきまにいわば「へばりついて（吸着して）」いるのが結合水です。

伐採された後の丸太やそれを切削した製材では、徐々に水分が抜けて乾燥していきますが、このとき、まず出ていくのは自由水です。結合水は壁の中に残ったままです。

自由水が全部出て行って、結合水だけになった②の状態を「繊維飽和点《せんいほうわてん》（どの樹種でもほぼ同じで、含水率が25～30％のところ）」と言います。①から②までは、自由水が出ていくだけですから、木材としては軽くなるだけで、壁そのものには何の変化もありません。

ところが、繊維飽和点を超えてさらに乾燥が進むと、細胞壁に大きな変化が生じはじめます。図にも描いてありますが、ここから壁の収縮が始まるのです。これは以前にも説明したように、セルロース

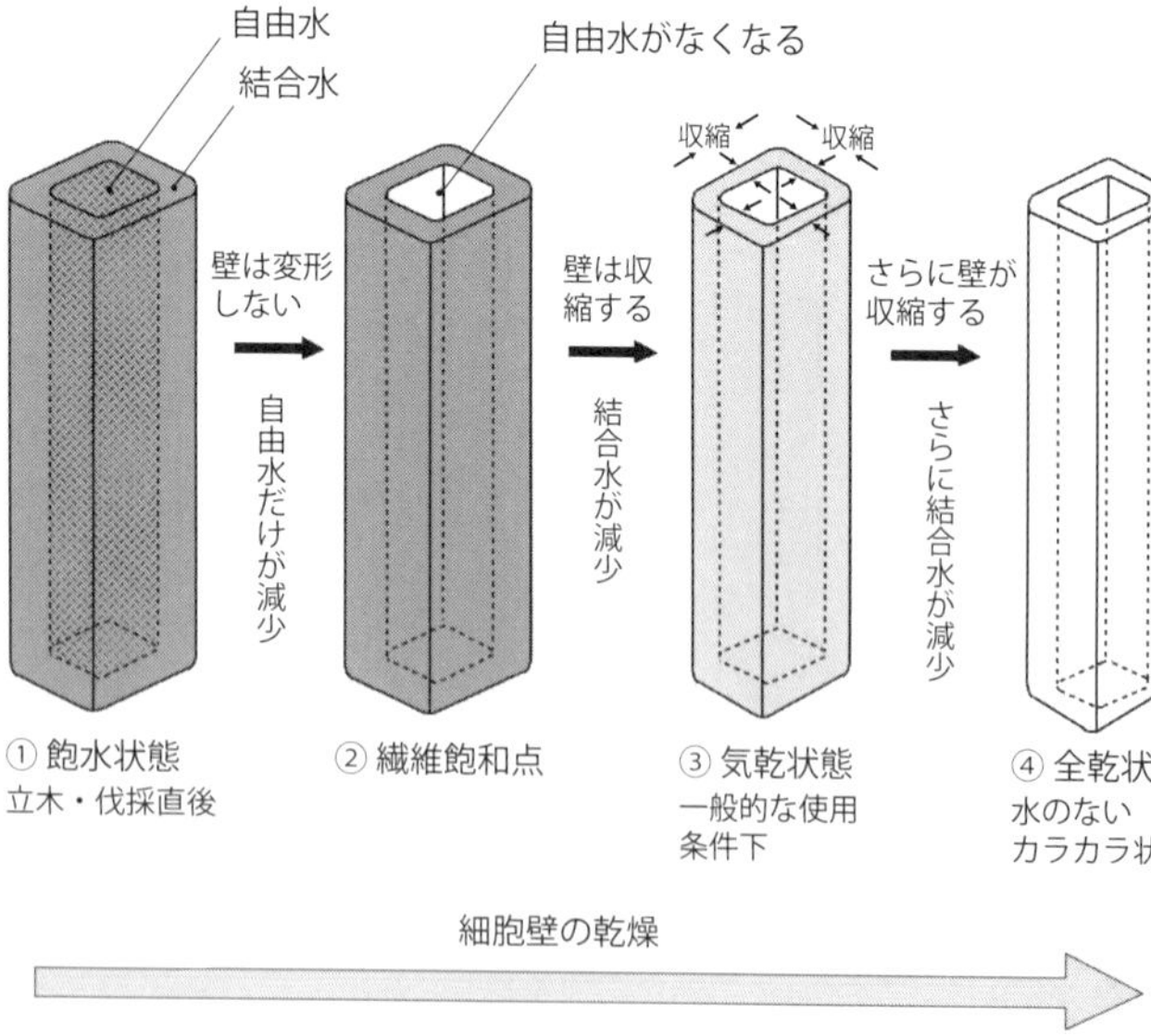

図1 自由水と結合水の違い

繊維の束などに吸着していた結合水の分子が出ていくため、体積が減少するからです。

さて、ここからが今回のはなしのポイントです。同じ水とは言っても結合水のほうが、はるかにコントロールしにくいのです。木材は乾燥してから使わなければならないので、使う側としては結合水を壁から追い出したいところですが、何しろ壁にへばり付いているので、簡単には動いてくれません。

それに端から乾いていきますので、十分に乾いているところとそうでないところでムラができてしまいます。だからといって全部カラカラに乾かせばよいというわけではありません。適当なところで乾燥を止めなければなりません。

早く乾かそうとして、無理に高い熱を加えたりすると、変色したり、木の香りがなくなったりします。それにもまして、壁が変形しますから、木材全体にくるいが生じます。このため、商品に仕上げるには、乾燥後にくるいを修正しなければなりません。さらに、くるいだけならまだしも、もし割れが入ったりすると、商品が台なしになってしまいます。

表に出るような話ではありませんが、木材加工に関わる人たちが、結合水のコントロールに多大な努力を払っているということを、少しでも理解していただければ幸いです。

第24話

木材は水の中では腐らない

昔から木材には三大欠点（燃える、くるう、腐る）があると言われてきました。循環型社会を目指す現代ではそれが必ずしも欠点にはならないのですが、ともあれ、このうち「燃える」、「くるう」に関しては、これまでに説明してきましたので、今回は一つ残った「腐る」について説明したいと思います。

誰もが知っているように、木材は腐ることがあります。しかし、「どうなると腐るの？」と訊かれて、きちんと答えられる人は少ないのではないでしょうか。

実は木材が腐る（腐朽が生じる）ための条件は3つあって、そのうち、どれか一つでも欠けると木材は腐りません。

例えば、**写真1**のようにじめじめしたところや、**写真2**のよ

写真1　多湿地で発生した腐朽

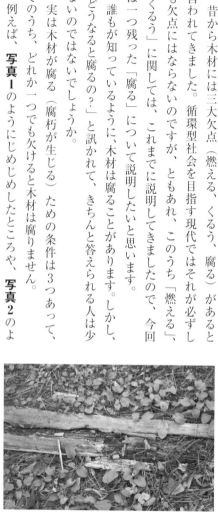

うに水が溜まりやすいところ、あるいは**写真3**のように割れが入って水が抜けにくいようなところで木材は腐朽するのですが、乾いた室内では全く腐朽しません。このことから、腐朽を生じさせるための条件の一つが「水」であることがわかります。

では、水が大量にあれば腐朽するかというと、そんなことはありません。その昔、筏で丸太を運んだり、川辺に水中貯木場があったりしたことからわかるように、木材を水の中にドボンと漬けておけば腐朽は生じません。つまり、空気に触れている（酸素がある）ということが、腐朽が生じる二つ目の条件です。

もう一つの条件が、温度です。例えば、秋田のような北国なら冬の間に屋外に積んでおいた木材が腐朽しまったなんてことは起こりません。

すでに察しがついておられると思いますが、木材の腐朽とは、木材腐朽菌という生物が木材を分解して栄養にしてしまう現象なのです。

写真2　接合部に水が溜まって発生した腐朽

写真3　丸太の割れから水が入って発生した腐朽

木材腐朽菌には、針葉樹に発生しやすい褐色腐朽菌、広葉樹に発生しやすい白色腐朽菌、これらが生育できないような高含水率の部位で発生する軟腐朽菌の3種類があるのですが、いずれにしても、先に説明した3つの条件（水、空気、温度）のどれか一つを絶ってやれば、腐朽は進行しません。

もちろん、菌そのものが存在しなければ、腐朽しようがないのですが、なにしろ、腐朽菌は胞子と呼ばれる状態で空気中に浮遊していますし、ごく普通の土の中にもたくさんいますので、これをシャットアウトするのは困難です。

というわけで、一番簡単な方法が水分を絶つことです。表面が濡れないように塗装するとか、濡れてもすぐに乾くようにするといった工夫で腐朽は防ぐことができます。

逆に、水にずっとつけておく方法もあります。近年軟弱地盤の改良や、液状化防止のために木材を杭として地中に埋め込む工法が注目されていますが。これは地下水位以下にまで木材を埋め込めば、酸素の供給がなくなって腐朽を絶つことができるという原理を利用しているわけです。

このような木材の地中利用は秋田県八郎潟の干拓地にある大潟村のように地下水位の高い場所にはもってこいです（**写真4**）。

写真4　地盤改良のための木杭打ち込み工法の実験光景（秋田県立大学フィールドセンター：大潟村）

第25話　節の出方にも樹種の特徴があって

今回は冒頭からクイズ問題です。**写真1**の梁《はり》の樹種は何でしょうか？　ヒントは「お城」です。

すぐに答えを言ってしまうと「アカマツ」です。それではなぜアカマツだと判断できるのでしょうか。またまたすぐに答えを言ってしまうと「節の出方」です。

さて、**写真1**をよく見てみると、材の中心（髄）の周りに節が輪のようになっていることがわかります。これが答えの根拠である「輪生節」です。

実は**写真2**に示したように、若いアカマツやクロマツでは幹として上方に成長する以外にも、一カ所から四方に枝が出ます。これを枝の「輪生」と言います。次の年にも梢が伸び

写真1　この木なんの木

た先で、同じように枝が出ます。というわけで、節が1か所に固まって輪のようになります。これが「輪生節」です。

輪生節があって、お城の梁などに使われている樹種といえば、アカマツでしょうから、**写真1**はアカマツであろうと推測できるのです。もちろん、それ以外にも辺材と心材の区別がはっきりしないとか、年輪のパターンが違うとか、識別できる根拠はいくつかありますが、やはり決定的なのは輪生節です。

写真3のように、アカマツの成木を外から見ているだけでは、どうやって育ったのかわかりませんが、その内部には若かりしころの成長の跡である輪生節が隠れているのです。

さて、このような輪生節が丸太の中に

写真2　幹の1か所から放射方向に輪生する枝

写真3　下の枝が枯れ落ちたアカマツの成木

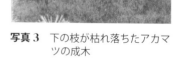

残っているため、アカマツの利用方法はスギとはちょっと異なるものになります。例えば、**写真1**程度の太さのアカマツでは、四角い製材ではなく丸太の表面を少し切り落としたまま、あるいは二面だけを切り落とした状態（タイコ挽き）で使われることがほとんどです。

なぜそうするのかといえば、この程度の丸太から細い柱などを製材すると、輪生節が製材の表面に出てきてしまうからです。それも一定の間隔で節が集中しますので、見た目が悪いだけではなく、強度も激減してしまいます。ですから、これくらいの丸太なら、できるだけ加工しないで使うほうが合理的なのです。

もちろん、アカマツの幹が通直でないことも、あまり製材しないで使う大きな理由ですが、いずれにしても、アカマツのみならず木材の利用方法が樹種によって変わるのには、色々理由があるのです。

第26話　木材利用を阻害した木材利用合理化方策

これまで本書の中で「なぜ木を伐って使わなければならないのか」とか、「なぜ林業は必要なのか」といった、林業や木材産業の応援演説のようなテーマを取り上げてきました。その理由は、厳しい現状にある日本の林業や木材産業について、一般の方々にもっと知っていただきたかったからです。

なぜ厳しい状況に陥ったのかという理由はさまざまでしょうが、やはり大きな政策の転換の影響が大きかったと思います。実際、戦後いくつかの歴史的政策転換がありました。

今回は戦後における最初の政策転換であり、後々、わが国の木材利用に大きな影響を与えることになった木材利用合理化方策（１９５５年）を紹介します。

「その話は聞いたことがないけど、合理化というくらいだから、木材を上手く使っていこうという方針だったのかなぁ」と想像される方がほとんどだと思いますが、実は全く逆で「これからわが国では木材を使わないようにしよう」と決めた閣議決定だったのです。

現在、日本全国で「木材をもっと使いましょう」というウッドファーストキャンペーンが展開されていることを考えれば、そんなことはあり得ないと思われるかもしれません。しかし、そのころの日本の森林の状態を考えれば、必然的な行政施策であったのです。

当時、日本の森林は戦時中の乱伐と戦後の復興需要によって荒廃状態にありました。そのままのペースで伐採が続けば日本中がはげ山だらけになってしまうと考えられていたのです。

鉄やコンクリートが容易に入手できる現代とは違って、当時の建設資材の多くは木材でした。また、煮炊きから暖房まで、生活用のエネルギーの多くは木材に依存していました。

このような背景の下で、各省庁が寄り合って、国産材の需要抑制とさまざまな産業分野での代替材料開発を推進したのです。具体的には、1950（昭和25）年12月に①木材利用合理化協議会で、木材利用の合理化を促進すること、②協議会には主になる木材需要主務官庁が各々主体となって専門分科会を作ること、③専門分科会ごとに普及促進を行うことなどが申し合わされました。

翌1951（昭和26）年3月には、木材利用合理化協議会の構想がまとまり、各官庁における担当が建築（建設省）、坑木（資源庁）、包装木箱・パルプ・家具（通産省）、防腐（運輸省）、車両（国鉄・通産省）、造船（運輸省）などと決められました。

専門分科会では、代替資源の利用（鉄筋コンクリート造の促進、木炭から他の燃料への転換など）、木材消費の節約（段ボールの利用、クレオソートの増産、古紙の回収など）、樹種の転換（広葉樹や廃材のパルプ化）、需給調整（不急もしくは代替可能の部門に対する使用制限措置）などの方針が打ち合わされました。

このような経緯を経て、1955（昭和30）年1月に木材資源利用合理化方策*が閣議決定されたのです。閣議決定とは、全大臣の合意のもとに決定される政府全体の合意事項ですから、これによって、国を挙げて「木材を使わないようにすること」が行政の大方針となったのです。

結局このことが、現在における林業・木材業の苦境のきっかけになったとも言えるのですが、「そんなこと言ったって、昭和50年代くらいまで、秋田のような林業地の林業・木材産業はずっと潤っていたじゃないか。おかしいよ」と感じられている方も多いと思います。

そのあたりの経緯は第40話でお話しします。

* 興味をお持ちの方は、全文が国立国会図書館のホームページに掲載されているので検索してください。

第27話 かつて木材・木造の技術革新を阻んでいたもの

1955（昭和30）年の木材資源利用合理化方策によって、国を挙げて木材を使わないようにすることが行政の大方針になってしまったことは前回第26話で説明しました。

実は、この施策は行政のみならず、研究分野にも大きな影響を与えました。それが今回紹介する「建築学会の木造禁止宣言」だったのです。

ごく簡単にこれを説明すると、日本建築学会が1959（昭和34）年に「防火、耐風水害のための木造禁止」の項目を含む「建築防災に関する決議」を採択し、木造建築に関する研究を放棄してしまったのです。

建築の研究者たちが「いち、ぬーけた。木造は大工さんたちが勝手にやってください」と、さじを投げてしまったわけですから、ずいぶん乱暴な話だと思うのですが、これもまた当時の情勢を考えれば無理からぬところがありました。

というのも、戦中に空襲で焼け野原となった市街地は「木造建築の火災に対する弱さ」を建築関係者の心に強烈に植え付けてしまいました。また、戦後に起きたいくつかの大火災も同様でした。さらに火災のみならず、当時日本を襲ったカスリン台風などの自然災害も当時の木造建築の弱さを建築関係者に印象づけてしまいました。

この結果、木造建築に拒否反応を示す研究者が増えてしまい、結局木造研究放棄宣言に至ってしまったのですが、ともあれ、この宣言によって、その後の木造建築に大きな悪影響が出てしまいました。

一つは高等専門教育機関で木材・木造建築が教えられなくなってしまったことです。この結果、木材・木造をよく知らない建築士が量産されてしまいました。

一般読者の皆さんは、超高層ビルだろうがマンションだろうが、全部建築士が設計するのだから、当然木材・木造のことも彼らは十分理解しているはずだと思われるかもしれませんが、実は木材・木造のことをろくに知らなくても、一級建築士になれたのです。

現在でも、この状況は変わっていません。全国各地の大学に建築学科は数多く存在していますが、きちんと木材・木造を教えられる先生が在籍している大学の数はおそらく1桁台でしょう。なにしろ一級建築士の資格を取得するために、木材・木造の知識はたいして必要ありませんから、そんな状態であっても大学としては特に問題はないのです。

誤解のないように言っておきますが、木材・木造に詳しい建築士も、もちろんおられます。ただその方々は、現場で体得した、独学で学んだ、会社で研修したといった経験の持ち主がほとんどで、大学で体系的に木材・木造を学んだような人は極めてまれです。

さて、もう一つの悪影響は、木材の構造的利用が厳しく制限され、木造排除・軽視・蔑視の風潮が建築界全体の主流となってしまったことです。木造は火事に弱いからという理由で、大きな木造はほとんど建てられなくなりました。また新しい構造用木質材料の研究も当然進みませんでした。よしんば何か新しい製品を開発したところで、それが世の中に受け入れられる訳がありませんでした。

時々「日本で使われている構造用木質材料って、全部外国の発明じゃないか、日本の木材研究者は何をやっていたんだ」などと非難めいたことを言われることがありますが、「実はその昔にとんでもない時代があったんですよ」と説明すると、「へぇ、そんなことがあったんですか、大変だったんですね」などと逆に同情されたりもします。

先に述べた木造の暗黒時代は平成の初めごろまで何と四半世紀以上も続きました。その間、欧米では新しい木造工法と構造用材料が次々と技術開発されていったのです。

というようなわけで、この当時、日本の木造建築は世界の趨勢から全く置いてけぼりにされていたのです。

第28話 プレカットがなければ家が建たないことに

かつて大工さんは下小屋《したごや》で手鋸《てのこ》や鑿《のみ》を使って柱や梁にホゾやホゾ孔を刻み込んでいました。そして刻み終わった材料を建築現場に運び入れて、家の骨組みを組み立てていました。

実はこの刻みが手間のかかる作業でした。何しろ正確な位置に孔を開けて、正確な形の継手や仕口*を作らなければならないわけですから、時間がかかりました。また、失敗が許されないだけの経験と技能が必要でした。もちろん、それが大工さんたちの仕事に対する誇りでもあったわけですが、住宅生産の合理化という点からみると、この刻み加工が大きなネックになっていたのです。

写真1　プレカットされた木材の端部

そこでこの問題を機械化によって解決しようとして1975（昭和50）年ごろから登場してきたのが「プレカット」でした。プレカットとは予め（プレ）、切削（カット）しておくというような意味です。

プレカットが登場してきた当初は、手仕事を機械に置き換えただけの単純なものだったのですが、その後のコンピュータ技術の飛躍的な進歩によって、生産システムが高度化され、日本全国で採用されるようになりました。また、当時深刻化しつつあった熟練大工さんの不足も普及に拍車をかけました。この結果、現在では構造用の木材の加工と言えば、プレカットが完全に主流になっています。

写真1がプレカットされた部材の端部です。一方、**写真2**は大工さんが手で刻んだものです。両者の違いがおわかりいただけるでしょうか。

プレカットでは材の一部分が円弧状に切削されています。これは**写真3**に示すように、ドリルの先に特殊な形態の刃物を付けて、それを回転させながら切り込んでいくためです。

写真2　手刻みされた曲り材

＊木材を長手方向に接ぐのが継手、角度を付けて接ぐのが仕口

プレカットは、加工時間の短縮、精度の高さ、工期の短縮、端材や残材処理の簡易化といった多くのメリットがあるため、幅広く用いられるようになりましたが、切削技術の面から見れば、それほど複雑なものではありません。**写真3**のように何種類かの刃物が付いたドリルが自動的に切削加工をしていくだけです。

もちろん、プレカットの加工工程ではコンピュータによる高度な管理技術が要求されます。最近のプレカット工場では、住宅の図面が完成すると、そのデータが加工機械に送られ、自動的に家一軒分の木材が加工されて、それが現場に直接配送されるようになっています。さらに、構造計算も同時に行われるシステムも開発されています。

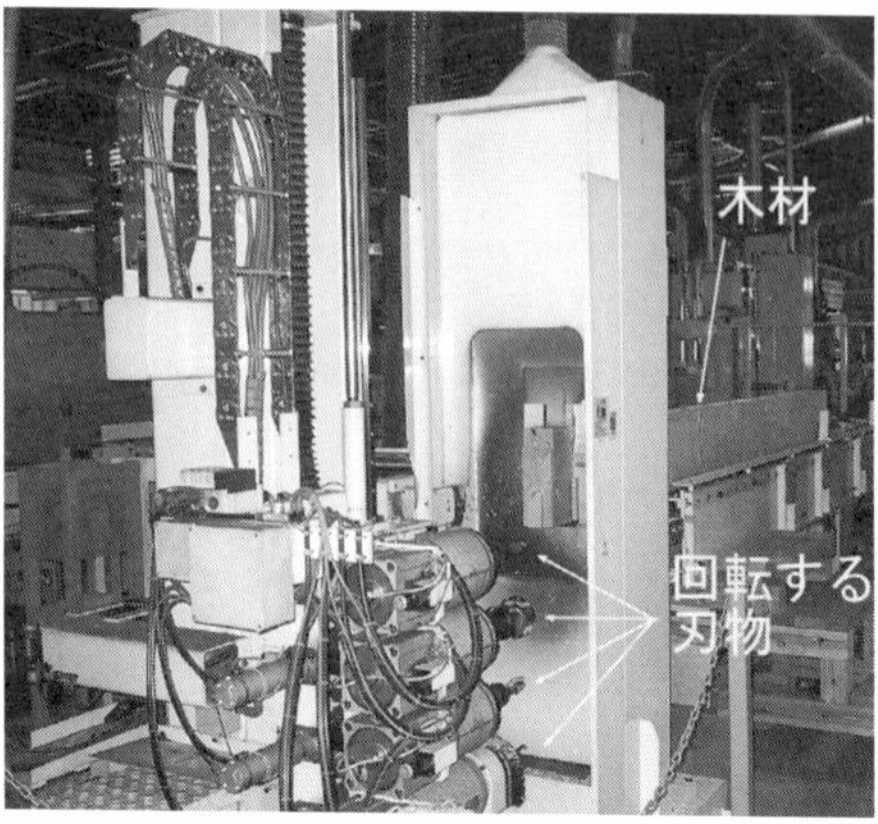

写真3　プレカット加工機のドリル（先端に特殊な刃物）

第29話　木（造）には金（物）が必要

これまで本書の中で「木と水」や「木と火」の関係について解説してきましたが、今回は「木と金」を取り上げました。とは言っても、お金のことではなくて「木造には金物が必要だ」というのがテーマです。内容としては、前回の第28話の「プレカットとは」の続きになります。

前回で説明したように、継手・仕口のプレカットは数多くのメリットがあるため、幅広く用いられるようになったわけですが、基本的には鋸《のこ》と鑿《のみ》と鎚《つち》による手加工が機械加工に置き換わっただけですので、在来軸組工法が持ついくつかの本質的な問題は未解決のままでした。

■木くずと端材

まず一つめの問題は、木くずや端材が少なからず発生してしまうことです。端部をそのまま突き付けて使うツーバイフォー工法と比較すれば、その差は歴然です。もちろん、家一軒を建てるときに出る廃材はわずかなものでしょうが、日本全国で毎日毎日大量の廃材が出ている訳ですから、これは小さな問題ではありません。

■強度特性

もう一つは、「接合の強度特性」の問題です。手刻みであれプレカットであれ、材と材とをかみ合わせて接合する方法：嵌合《かんごう》では、一見がっちりしているように見えても、大きな荷重がかかると簡単にぐらぐらしてしまいます。さらに、材に大きな切りこみが入るので、その部分の強度は低下してしまいます。例えば、柱に三方や四方から梁や桁が突き刺さるような場合はわずかな断面しか残りません。

このため、在来軸組工法の重要な接合部では、強度を高めて、材が外れないようにするための「補強・補助金物」が不可欠になります。もちろん色々な部位がありますから、それぞれに適した多様な金物（**図1**）が必要です。

写真1に、実際にこれらの金物が使われている軸組

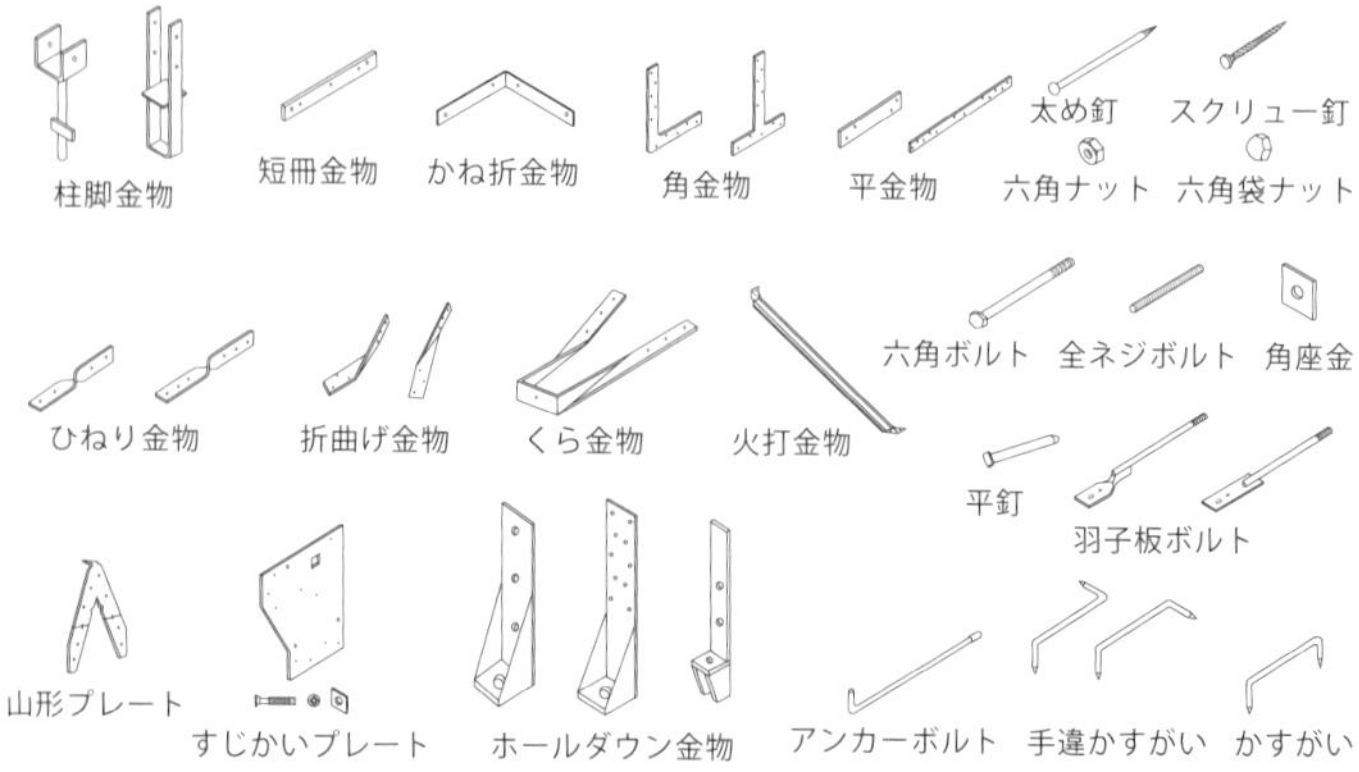

図1　さまざまな在来軸組工法用金物

みの写真を示します。水平材である梁と桁の間には「羽子板ボルト」が、隅の柱と梁の間にはホールダウン金物が、筋違いの端部には「すじかいプレート」が、そして「火打ち金物」が斜めに取り付けられていることがおわかりいただけると思います。

このように、現在の在来軸組工法は金物なくしては成り立たないようになっているのです。ただ、建築する側にとってみれば、仕様どおりにボルトを締めたり、釘を打ったりするのは煩雑な作業ですし、多種多様な金物の数量を管理するのも大仕事です。

写真1　軸組に用いられた金物

■金物工法

そこで、複雑なプレカット加工を簡素化し、大型で強力な金物を使って軸組を組み立てる新型工法が開発されてきました。これが「金物工法」です。

金物工法には色々な形態があって、標準化されてはいないのですが、典型的な例を**図2**と**写真2**に示します。

一般的なプレカット加工に比べて、材料は「突き付け」で、切り込みが単純になっていることがわかります。また強度特性も明確です。今のところ、金物のコストが高いことが普及のネックになっているようですが、それでも現在では在来軸組工法の3割程度が金物工法に変わったと言われています。今後さらにシェアが増えることも予想されます。

写真 2　柱に取り付けられた金物工法用の梁受け金物

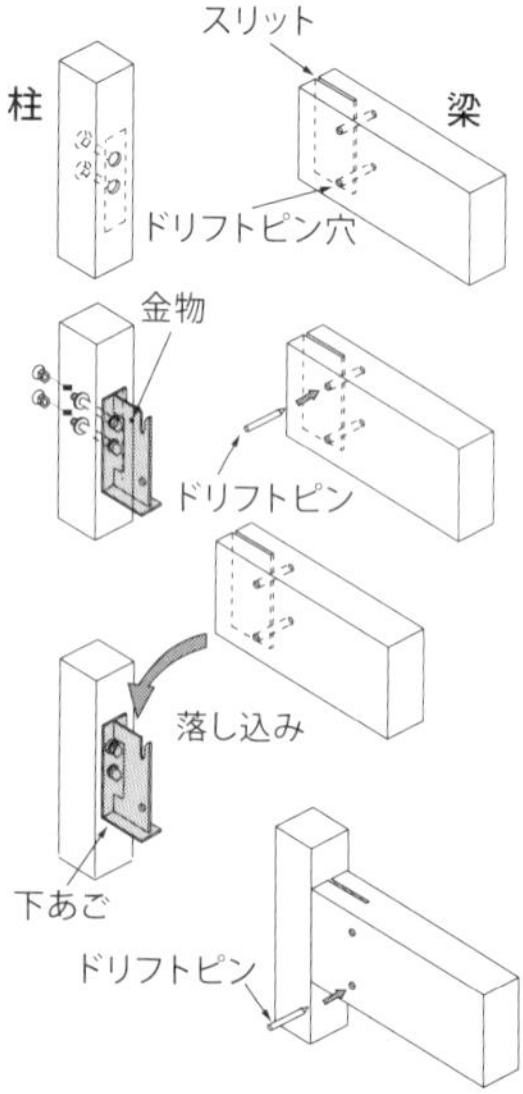

図 2　金物工法における梁と柱の接合方法（典型例）

不思議なことが起きますね・・

第30話 これってプラスチックか木材か？

屋外の広場や公園などで、プラスチックのようではあるけれども、色や手触りが木材っぽい材料を見たことがありませんか？

例えば、**写真1**のバス停のベンチです。木材とは違って均一なので、見た目はプラスチックなのですが、家電製品などに使われているものとはちょっと様子が違います。

実はこれが、プラスチックに細かい木粉を混ぜ込んで製造した「木材・プラスチック複合材」です。名称が長いので「ウッド・プラスチック・コンポジット」の頭文字をとってWPCと呼ばれています。

写真1　バス停のベンチに使われたWPC

近年、この製品があちこちで使われるようになってきたのですが、木材製品であることに気づいておられない方が多いので、簡単に紹介したいと思います。

原料面から見たＷＰＣの特徴は、廃プラスチックや、未利用の残廃木材を原料にできるところにあります。もちろん、プラスチックといっても、使えるのは熱可塑性樹脂、つまり熱をかけると柔らかくなるポリエチレンやポリウレタン等に限られますが、だからこそ、製品が古くなれば、再度溶かして、新たに再成形することができます。

性能面では、木材に比べ耐水性が高いことが特徴です。用途としては、いわゆる外構材として、デッキ材、外壁、フェンスなどに使われます。また、色が茶色系ですので、擬木的な使い方もできます。「プラスチックに木材を混ぜるくらいのことは、誰だって考えそうなことなのに、なぜ最近になるまで商品化されなかったのだろう」という素朴な疑問をお持ちの方も多いのではないかと思います。答えは簡単で、上手く混ぜることができなかったからです。ご存じのように、プラスチックは疎水性で水をはじく性質を持っています。一方、木材は親水性で水に濡れます。水と油の関係を考えれば明らかなように、相反する性質を持った物質同士を均一に混ぜ合わせるのは難しいのです。

もちろん、両者のなじみをよくする方法が開発されて、ＷＰＣの商品化が進んだのですが、このあたりのところはまだまだ研究開発の余地が残っています。

また、プラスチックに木粉を混ぜると、流動性が悪くなりますし、材質がもろくなりやすいので、**写真2**のような単純な形状にしか射出成形＊できないという問題点も残っています。さらに水に強いとはいえ、木材の混合比率が大きくなると、木材の性質が表に出てきて、長期間の湿潤条件下では徐々に水分が内部に浸透しますし、接地しておけば腐朽が生じる可能性もあります。

いずれにしても、ＷＰＣがわが国の市場に出回るようになってから日が浅いので、さらなる性能向上のための技術開発が現在も精力的に続けられています。

＊金型に溶解した樹脂を流し込んで固める方法

写真２ WPC の断面

第31話 鉄のような木をボロボロにした天敵

よく知られているように、木材の耐久性や耐蟻性は、樹種によってさまざまです。国産材の中でもヒバやクリのように耐久性の高い樹種もあれば、ブナのように低い樹種もあります。

もちろん、世界には最高級の耐久性を持った樹種があります。名前くらいは聞かれたことがあると思いますが、東南アジア産の「チーク」もその一つです。その昔、タイで鉄道の枕木の調査をしたことがあるのですが、第二次世界大戦中のチークの枕木が雨ざらしのまま現役で使われていたのには驚きました。

■ボンゴシ

さて、チークと同様に耐久性が非常に高い樹種の一つに「ボンゴシ（エッキまたはアゾベとも）」があります。この材は普通の「のこぎり」では歯が立たないくらい重く硬く、ヨーロッパなどでは屋外構造物に最適の木材として、多用されてきました。ただ、日本では遠い西アフリカ産の木材ということもあって、1990年代以前は、ほとんど輸入されていませんでした。

ところが1990年代から日本で始まった木橋のブームによって、その耐久性の高さに注目が集まり、木橋の構造部材にボンゴシが使われはじめたのです。

もちろん、材は見ても触っても鉄のようでしたし、わが国で腐朽試験に用いられる木材腐朽菌に対する試験でも、強い抵抗性を示しました。それに、なんと言ってもヨーロッパでの数多くの実績があったため、誰もが安心して、各地の木橋にボンゴシ材を使ってしまったのです。

■落ちた

木橋業界の関係者が「こんなによい材料があったとはなぁ」などと、喜んでいたのも束の間、1999年の9月に、衝撃的なニュースが業界内部を駆け抜けました。

「愛媛の公園のボンゴシ木橋が落ちた!!」

写真1　落下したボンゴシの橋を運び出して調査しているところ（森林総研　材料接合研究室）

それまで、木橋の一部分が腐朽したというトラブルは経験済みでしたが、落橋という大事故は経験したことがなかったため、業界は大騒ぎとなりました。

森林総合研究所（森林総研）のメンバーが事故原因を調査するため愛媛に向かったのですが、橋の接合部に腐朽菌が侵入し、腐朽が進んだため、自重で橋が破壊したことがすぐに判明しました。

腐朽の進行が外からは見えなかったため、落橋する前日まで人が普通に通行していたのですが、夕方に「ちょっとおかしいよ」と言う通行人からの通報があって、管理人が通行止めにしておいたのが幸運でした。次の日の朝、気がついたときには橋が落下していたのです。

■犯人

それにしても「20年間ノーメンテナンスでOK」などという触れ込みだったボンゴシが10年ももたずに腐朽したのは一体どういうことだということで早速原因追及が始まりました。

腐朽した部分が森林総研のキノコ研究室に送ら

写真2　千葉県のボンゴシ木橋で発見されたシイサルノコシカケによる腐朽
白い部分が子実体（白色腐朽菌なので腐朽部分が白くなる）

れ、そこで同定されたのが、木材関係者がそれまであまり耳にしたことがない「シイサルノコシカケ」という腐朽菌でした。

この腐朽菌は、菌の専門家の間では存在がよく知られていたのですが、木材腐朽の試験に用いられるようなオオウズラタケやカワラタケのようなメジャー選手ではなく、弱小マイナーリーグの選手だったため、木材関係者は名前すら知らなかったのです。

ボンゴシはヨーロッパでは無敵状態で、日本でも強力な腐朽菌に対しては抜群に強かったのですが、日本の弱小な腐朽菌の中に強烈な天敵が隠れていたのです。

これはまさに、生物世界の不思議さを象徴するような事例でした。その後しばらくして、あちこちのボンゴシを使った木橋でこの菌による腐朽が発見され、さらに大騒動を巻き起こし、結局近代木橋という需要拡大の大きなマーケットが失われることになってしまったのですが、その話は第32話で。

第32話 落橋事件がその後の業界にもたらしたもの

前回第31話で、強くて腐らないという触れ込みで輸入された木材（ボンゴシ）が、日本の弱小腐朽菌（シイサルノコシカケ）によって腐朽し、愛媛の公園の木橋が落橋してしまった話を取り上げました。

今回は、この事件によって、せっかく育ちつつあった日本の木橋業界が一気に衰退してしまった顛末を解説したいと思います。

■エクステリアウッド

木材利用の一分野に、屋外での外構用途があります。電柱、枕木、杭のみならず、住宅周りの塀、柵、デッキ、さらには公共施設における歩道や遊具等々、この種の用途に使われている木材（エクステリアウッド）を目にすることは決して少なくありません。

木材業界の中でエクステリアウッドの利用拡大が特に注目されはじめたのが１９８０年代後半

でした。この当時、木製防音壁や木製ガードレールといった全くの新製品と並んで、ほぼ絶滅状態にあった木橋の新たな技術開発が始まったのです。

もちろん時代劇に出てくるような旧来型の木橋を復活しようとしたのではありません。自動車も通れるような「近大木橋」を日本でも作れるようにするのが目的でした。いわば新たな需要開発を目指すエクステリアウッドの目玉商品が木橋だったのです。

■近代木橋の登場

わが国に近代木橋が登場したのは、1987（昭和62）年のことでした。カラマツの大断面集成材を用いた「矢ヶ崎大橋」が長野県の軽井沢に完成したのです。この橋は歩道橋でしたが、橋長が168・5mもある大型橋でした。同じころ、「坊川林道2号橋」という車道橋（橋長6m）も秋田県の国有林内に完成しました。

写真1　矢ヶ崎大橋（長野県軽井沢町、2011年に撤去）

これらを契機に、さまざまな形式の近代木橋が、わが国で架けられるようになりました。実はそこに登場してきたのがボンゴシだったのです。何しろ、たわみやすさの指標であるヤング係数や強度がスギの2～3倍もあって、さらに耐久性が高いと言われていたわけですから、ボンゴシは木橋用として理想的な木材であったのです。

もちろん、重い、高い、製材しにくいといった欠点はありましたが、ノーメンテナンスで20～30年以上大丈夫というキャッチフレーズは、施工者のみならず、木橋を管理する側にとっても大きな魅力でした。

というような経緯があって「地域産木材の利用拡大のために」という大義名分のないところで、ボンゴシを用いた木橋が次々に誕生していったのです。

もちろん、スギの大断面集成材を用いたような大型の近代木橋も各地に建設され、木橋の関連業界の協会も結成されました。まさに、木橋という新しい需要分野が大きく展開しようとしていたところに、1999年の落橋事件が起きたのです。

■その結果

落橋事件の後、各地のボンゴシ木橋で調査が行われ、シイサルノコシカケによる腐朽がいくつも発見されました。被害のない事例もあったのですが、ボンゴシ材に対する信頼性は地に落ちてしまいました。修理によって改善された事例もあったのですが、訴訟騒ぎになってしまった事例もありました（**写真2**）。

このあおりを受けて、集成材を用いた近代木橋もほとんど架橋されなくなってしまいました。世界最大級のトラス木橋である「宮崎県のかりこぼうず大橋」が2003年に竣工して以降、大型の木橋はわが国では架橋されていません。

もちろん、現在でも土木学会には木橋研究小委員会があって活動を続けていますが、対象となる木橋は、災害対応用の仮設橋や、簡易な林道・農道橋といった小規模なものが主となっています。木材高度加工研究所で開発してきたCLT床版橋もその一つです。

せっかく、架橋技術に関してさまざまなデータが蓄積され、世界の水準に並んだわが国の近代木橋でしたが、現在では関連業界もほとんど開店休業中になってしまいました。

写真2　ボンゴシの腐朽が発見されたため解体される「とんとんみずき橋」(千葉県野田市、2011年)

木橋という過酷な環境で用いられる構造物に、十分な経験や検証がないまま、外国産材を安易に用いてしまったことが、有望な需要開拓の芽を摘んでしまったのです。今となっては誠に残念と言うほかありません。

第33話

杭と言えばなぜアカマツなのか？

これまで紹介してきたように、林業や木材に関するウソ常識には「年輪が広いほうが南側」とか「正倉院の壁の通風説」といった昔から言い伝えられてきたものやら、有名な宮大工さんが広めてしまった「枝の多いほうが南側」とか、「斜面に対して直角に芽が伸びる」といったといったいわくありげな匠の言い伝えまで、さまざまなパターンがあります。しかし、このようなウソ常識は、そうではない例やら証拠を示せば、あっという間に否定されてしまいます。

ウソ常識ではありませんが、ちょっと迷惑なものに迷信があります。その昔、山の神様は女だから、女性が山に入ると嫉妬して、事故が起きるなんて言われていた地方もありました。八専《はっせん》や犯土《つち》の日には木を伐ってはいけないといった陰陽道に由来する迷信もあります。もちろん、大安や友引と同じように、これらはわが国の文化ですから、実害がない限り、信じるも信じないもお好きにどうぞと言ったところでしょう。

一番やっかいなのは、「昔からそうだから」といって、不合理が通用しているような場合です。今回、その一例として「杭と言えばアカマツ」という常識に注目してみました。

■アカマツの耐久性

私自身、アカマツやクロマツについては、スギほどではないにせよ、色々な実験をしてきた経験があるのですが、一つだけ大きな疑問が解決しないままでした。それがアカマツの「耐久性」でした。

実は「木材工業ハンドブック*」という木材のデータ集があるのですが、そこには心材の耐久性はヒノキやヒバが大なのに対して、アカマツは小と書かれてあったのです。またシロアリに対する抵抗性はヒバが大で、ヒノキが中なのに対し、アカマツは小でした。つまり、科学的なデータからは、「アカマツは耐久性が低い」という記述しかなかったのです。そんな樹種がなぜ「腐朽しやすい土木用の杭に適している」と評価されているのか、よく理解できませんでした。なお、古い文献**には「材ノ水湿ニ堪ユルヲ利用ス」と書かれてありました。これは、マツヤニが多くて、ぬれが悪いという意味だったかもしれませんが、納得できる理由とはいえませんでした。

すでに「第25話　節の出方」でも説明したことですが、節が一か所に集まる輪生節がない状態であれば、アカマツの強度特性が高いのは事実です。したがって、鉱山の坑木のような用途ではたわみにくいという利点が考えられます。しかし、だからといって腐りやすい土木用材にアカマツを積極的に使うという理由にはなりません。というわけで、ずっとこのことが心に引っかかったままだったのです。

■いつごろから使われ出したのか

スサノオノミコトは「スギとクスは舟に、ヒノキは建物に、マキは棺材にするよう」子供たちに教えたと日本書紀に書かれています。確かにこの話は「適材適所」の説明として現代でも十分納得できる内容を含んでいます。しかし、ここにマツは出てきません。

遺跡などから出土した木材が何に使われていたのかをデータベースにまとめた文献***があるのですが、これによると、アカマツが杭として使われはじめたのは、西日本では１５００年前以降、東日本では江戸時代以降だったようです。つまりアカマツは森林資源として充実するまでは、土木用材として使われていなかったのです。それ以前はトリネコ属、ヤナギ属、クリ、ブナ、スギ、モミなど近隣の森林から得られた雑多な樹種が使われていたのです。

これらの事実から導かれる推論としては、「アカマツが土木用材として使われだしたのは、特性や性能を考えた適材適所ではなくて、単に入手しやすくなったからではないか」ということになります。

---

*　森林総合研究所監修『木材工業ハンドブック』丸善、２００４年
**　農商務省山林局編『木材の工藝的利用』大日本山林会、１９１１年
***　伊藤隆夫ほか『木の考古学　出土木製品用材データベース』海青社、２０１２

■科学的根拠は

近年、木材を利用する立場の土木関係者から「科学的根拠がないのに、実績があるからというだけでアカマツが土木用材に使われているではないのか」という疑問の声が上がってきました。

マックイムシ等の被害によってアカマツ・クロマツの素材供給量はわずか67万8000㎥（2016年木材統計）しかない状態ですし、その昔は価格的に手が出なかったスギの通直丸太でも現在では安価に入手できるようになっているわけですから、土木サイドから見れば、科学的根拠がないにもかかわらず、工事の仕様書に「マツ」と指定されてしまうのは、余計なハードルだということになります。

この疑問に対して、先に述べたように木材サイドは明確な答えを見いだせずにいます。

読者の皆さんの中に、「そんなことはない。アカマツを杭に使うのには、もっときちんとした理由がある」と確信されている方がいらっしゃれば、ぜひご教授ください。

写真1　住宅基礎地盤への木杭利用の実証実験。スギ丸太を軟弱地盤に打ち込んでいるところ（秋田県立大学フィールド教育研究センター：大潟村）

第34話　葉がらしのメリット・デメリット

第11話で、辺材（白太）と心材（赤身）の間にあって白い線のように見える部分が「移行材（白線帯）」であることを説明しました。色が白くて、水分量が辺材より大幅に少ないというのが移行材の特徴です。生物学的に見ると、移行材とは細胞分裂後に唯一生き残ってきた「柔細胞」が死につつある部位であるといえます。

このことをまず頭に入れておいて、今回のテーマに入ります。

■定義と目的

さて、皆さんは「葉がらし」という用語をご存じでしょうか？　林業・木材産業関係者なら、たいていの方はご存じですが、一般の方には耳慣れない用語かもしれません。

ごく簡単に言うと、葉がらしとは木を伐り倒した後、すぐに枝を払って、丸太を運び出すのではなく、葉と枝を付けたまま、そこに1～数か月放置しておくことを言います（**写真1**）。

葉がらしの最大の目的は乾燥を促進させて丸太を軽くすることです。葉が枯れてしまわない間は、蒸散によって樹木の中から水分が抜け出していきますから、丸太は軽くなるのです。

林業の機械化が進んでいる現代では、伐採した木材は何らかの機械力によって運び出されるのですが、その昔、運搬作業を馬や人力に頼っていたころ、丸太の軽量化は大きなメリットがありました。このため、多くの林業地で、葉がらしが行われていました。

写真1 葉がらし

■色の変化

ここまでは、ごくごく簡単な話なのですが、実は葉がらしにはもう一つ効果があります。それが「色がよくなる」ということです。色やつやの評価には地域差や個体差があるのですが、スギの場合、辺材の赤味が増すと言われています。実は、この辺材の色の変化に、柔細胞とその死が関与しているのです。

今、切り倒された樹幹の内部がどうなっているかを考えます。柔細胞は一個一個それぞれが独立していて、デンプンのような栄養を細胞内に貯めこんでいますので、伐り倒されてもすぐには死にません。水分も周りに十分ありますから、そのまま生きていけるのです。

さてここで、「移行材では水分量が低い」ということを思い出してください。辺材の柔細胞は、葉からの蒸散によって徐々に周りの水分が減っていきますから「ありゃ、水分が減ってきたぞ。ははぁ、これは移行材の中に入ってきたんだ、はやく心材化しなくちゃ」と理解してしまうわけです。そこで、本来ならまだその時期ではないのに、貯めてあった栄養を心材物質に変えるのです。もちろん心材物質はスギの場合赤い色ですから、辺材全体がうっすらとこの色に染められるのです。

辺材が心材に変わる「心材化」という現象は、大変複雑であり、まだまだわかっていないことも多いのですが、辺材にあるデンプンが、葉がらしによって大幅に減少することから考えても、おそらく先

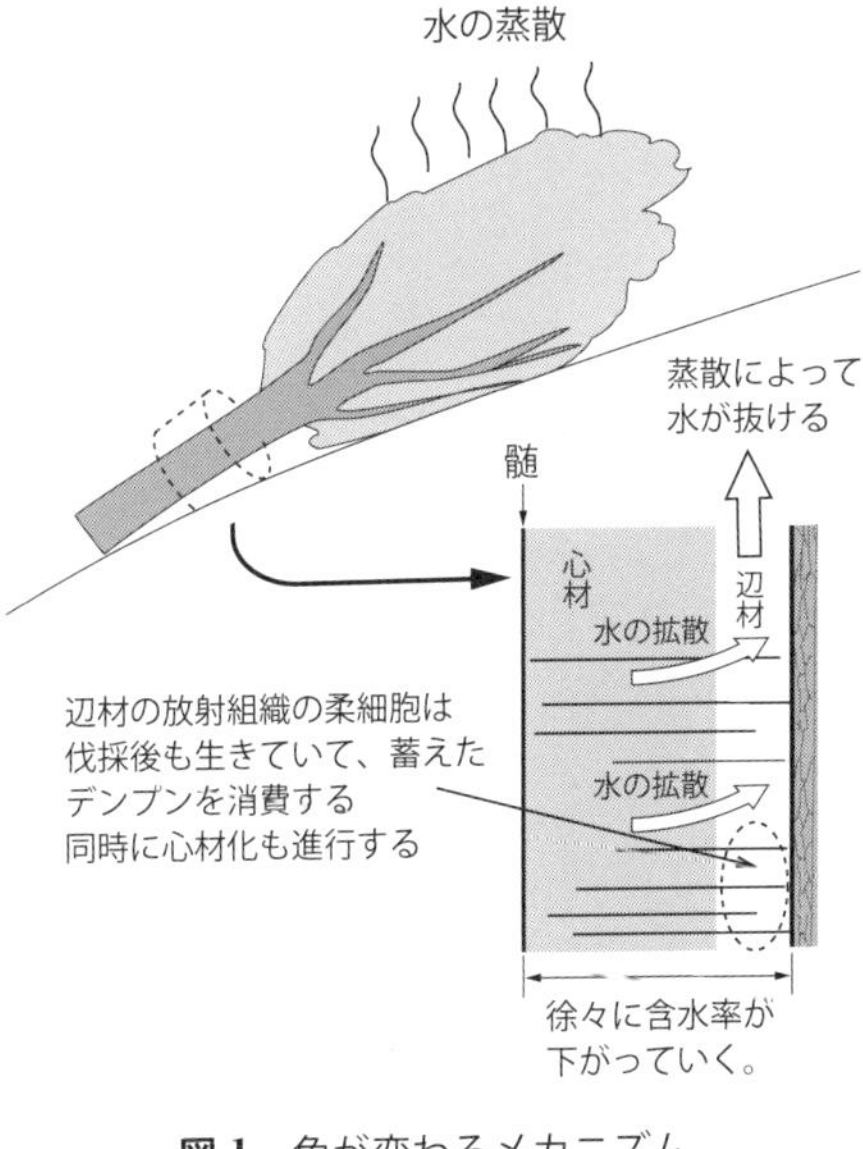
水の蒸散
蒸散によって
水が抜ける
髄
心材
辺材
水の拡散
水の拡散
辺材の放射組織の柔細胞は
伐採後も生きていて、蓄えた
デンプンを消費する
同時に心材化も進行する
徐々に含水率が
下がっていく。

図1　色が変わるメカニズム

に説明したようなメカニズムが働いて、色がよくなっているものと思われます。

■デメリットも

葉がらしには、軽くなる、色がよくなるという効果のほかに、先に述べたように、貯めてあった栄養分が消費されますので、辺材部分が多少腐りにくくなるという効果もあります。

もちろん、山中に長期間放置しておくので、さまざまな害虫や菌に冒されやすくなるというデメリットもあります。また、水が抜けて軽くはなりますが、そのまま住宅部材に使えるような含水率にまでは下がりません。細胞内腔に存在している自由水が出ていくだけで、壁の内部に存在している結合水はそのままです。決して乾燥材ではありません。誤解のないようにしてください。

第35話　またまた赤と白の違い

とりあえず、**写真1**を見てください。スギ製のお猪口が二つあります。同じスギでも、左が樹皮に近い側の辺材（白太）で右が芯に近い側の心材（赤身）です。

お猪口に水をこぼれそうになるくらい入れた状態が**写真2**です。その後それを半日くらい室内に放置しておいた状態が**写真3**です。両者とも水が減少していますが、明らかに辺材のほうが減りやすいことがわかります。

「なぜ、辺材と心材でこんなに減り方が違うのでしょうか？」、これが今回のテー

写真1　左が辺材、右が心材

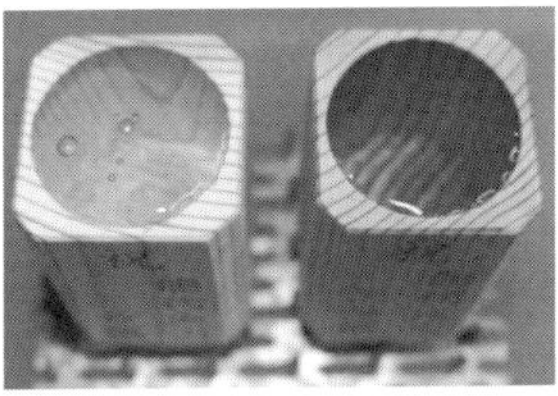

写真2　水を入れたあと

写真3　半日放置したあと

マです。

■復習

第10話と第11話で、なぜ辺材と心材の色の違いができるのかという話をしました。内容を復習すると、①樹木としては生きていても、樹幹の細胞のほとんどは死んでいる、②唯一生き残っているのが辺材の柔細胞で、栄養分の輸送・貯蔵などの生理作用をしている、③その柔細胞は貯蔵してあった栄養分を防腐・防虫・防菌に役立つ成分（色は赤）に変換してから死ぬ、④その結果、スギなら心材の色が赤くなるということになります。

「あっ、なるほどね。その成分が邪魔をするので、心材のほうが水の減りが少ないんだな」と勘違いする人も多いかもしれません。

しかし、全く無関係ではないのですが、化学成分の違いはそれほど大きな要因ではありません。実は通り道が物理的にふさがれてしまうので、心材では水の通りが悪くなるのです。

なお、針葉樹と広葉樹では水を通すメカニズムが違うので、以下では針葉樹について説明します。

■壁孔の閉鎖

これまで何回か説明しましたが、針葉樹では細長い仮道管という細胞がストローのように並んでいて、辺材の樹皮に近い部分では、その中を水（樹液）が根から葉に向かって流れています。もちろん、一つ一つの細胞は袋状ですから、どこかに水を通す孔が開いているはずです。

このための孔が、壁孔《へきこう》です。**写真4**でたこの吸盤のように見える部分が壁孔です。これはヒノキの仮道管ですが、ここを通って水が仮道管の間を移動するのです。

この壁孔の断面は**図1**のようになっています。

左の細胞と右の細胞の間には普通、細胞間層という薄い層があるのですが、壁孔の部分では、このような特殊な構造になっています。

図では線で書いてありますが、マルコと呼ばれる部分は網状になっています。いわば「網戸」のような状態ですから、水は簡単に通り抜けできます。トールスも同じ物質ですが、こちらは塊になっていて隙間がありませんので、水は通れません。

（A）のように、壁孔の右にも左にも水があれば、水はマルコの部分を通って流れます。しかし、もし左の細胞から水がなくなって空気だけになると、（B）のよう

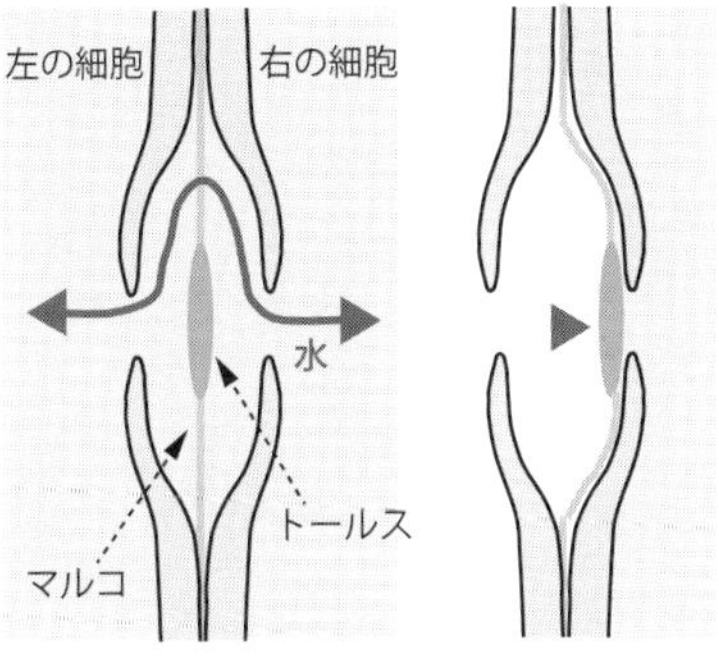

(A) 閉鎖する前の壁孔
(水が移動できる)
(B) 閉鎖した後の壁孔
(空気が入らない)

図1　壁孔の断面図

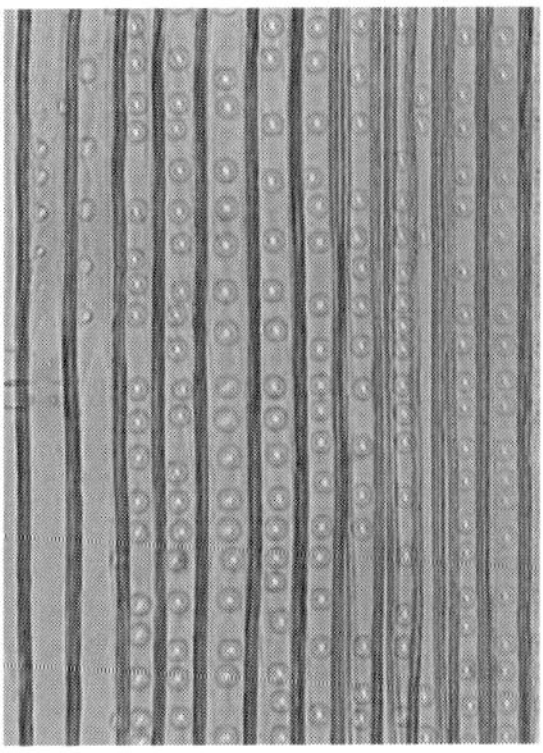

写真4　ヒノキの壁孔

に水の表面張力の作用によってトールスは右に移動し、右の細胞の縁にへばり付いてしまいます。こうなると、左の細胞から空気は入ってこなくなります。

なぜ、こんな仕組みになっているのかというと、例えばカミキリのような虫が樹幹の表面に傷をつけた状態を考えてください。仮道管がむき出しになるわけですから、そこから空気が入り込んできます。空気が入り込んでしまえば水の連続性は絶たれてしまいます。水は凝集力という力でつながっているからこそ根から葉まで動くのですが、途中で空気が入ってしまうと動かなくなってしまいます。つまり、そこで樹木は死んでしまう可能性があるのです。

壁孔の閉鎖はこのような事態になることを防いでいます。もちろん、葉まで水を運ばなければならないのは、辺材でも樹皮に近い部分だけです。一般に樹皮から離れれば離れるほど水が減少して空隙が多くなるので、壁孔は次々に自動的に閉鎖していくのです。

心材になるとほとんどの壁孔が閉鎖してしまいます。このとき、心材の成分がマルコの網に付着することもあります。先に「心材成分が関係することもある」と書いたのはこのためです。

もちろん、水は液体として細胞内部の空隙を流れるばかりではなくて、細胞壁にしみ込んで拡散しますので、壁孔が閉鎖したからといって、水分が全く移動しなくなるわけではありません。**写真3**で心材の水が減少しているのは主にこのためです。樹種によって壁孔閉鎖の現象は色々なので、あまりに一般化した説明は避けたほうがいいのですが、いずれにしても、樹木はこんな巧妙なメカニズムを持って生きているということをご理解いただければ幸いです。

第36話

冬を越して春まで葉の落ちない落葉樹がある

樹木も生物ですから、色々風変わりな種類があります。落葉樹というと、イチョウやモミジやカラマツのように、秋になって紅葉してから全部葉を落としてしまう樹種が普通ですが、翌年の春になって次の新芽が出てくるまで葉を落とさない変わり者もいます。

写真1を見てください。この写真は真冬の2月に撮ったものですが、大きな枯れ葉が木に付いたままになっています。この場所は、秋田県の海岸沿いの風の強いところですが、枯れ葉は地上に落ちていません。

写真1　落ちない枯れ葉

実はこの木がカシワです。あの柏餅《かしわもち》のカシワです。**写真1**では葉の形がわからないので、枯れ葉をもう少し拡大したものが**写真2**です。ちょっと形がゆがんでいますが、柏餅に使う葉の形であることがおわかりいただけるでしょう。

なお、**写真2**の撮影時期は真冬ではなくて4月の中ごろです。このように春になっても、次の新芽が出てくるまで枯れ葉は枝に付いたままになっています。まさにカシワは「1年中、葉のなくならない落葉樹」なのです。

写真2　4月中ごろのカシワの枯れ葉

カシワ以外にも落葉しにくい落葉樹はありますが、これほどまでかたくなに落葉しない樹種はほかに思いつきません。もちろん、このような特性を持っているからこそ、昔から「次世代が途絶えない縁起のよい木」としてカシワは尊重されているわけです。端午の節句に「柏餅」を食べて、子供の成長を祝うのもその現れでしょう。

それでは、なぜカシワは冬の間、枯れ葉を付けつづけるのでしょうか。一般的な落葉樹では落葉の季節になると、葉柄と枝の間にある離層《りそう》という組織が膨らんで、葉を落とす仕組みになっているのですが、カシワではその組織が発達しません。

なぜそういう特性を持つようになったのかについては、葉の剥がれた部分が潮風にやられやすいからとか、元々四季の区別のない暑いところの原産で、葉を落とす必要がなかったからとか諸説ありますが、正確なところはよくわかっていません。しかし、いずれにしても、葉を落とさない特性を持っていたからこそ、海岸の強風地帯の中でも生き残れているわけですから、これはこれで立派な生存戦略であったと言えるでしょう。

これまでほとんど気にしたことがなかった方も、ちょっと気をつけて日本の冬景色を観察してください。海岸沿いで真冬に枯れた葉を付けている木があれば、カシワかもしれません。

第37話

きれいに並べるのも製造のテクニック

これまで何度も出てきたように、木材をいったん小さなエレメントに分解し、それを目的に合った形に再構成した材料のことを木質材料と言います。

見た目から、それが木質材料であることはわかるものの、名称が何だかわからなかったという経験をお持ちではないでしょうか。

写真1は、家の近所で見かけた木質材料のボードですが、これが何という名前なのかご存じでしょうか。「オリエンテッド・ストランド・ボード」というのがこの製品の正式名称です。日本語では「配向性ストランドボード」と呼びますが、どちらにしても長いので、頭文字だけを取ってOSBと呼ぶのが普通です。

写真1　街中で見かけた木質材料

実はこの製品はエレメントを「並べる（配向させる）」という技術開発があって市場に登場してきました。今回はその技術について解説します。

■基礎知識

木材が軽くて強いのは、**図1**のように、細長くて長手方向に強い細胞同士が、上下方向に並んで、連続しているからです。ただ、このことを逆に考えると、細胞が並ばずに、不連続であれば、高い強度は得られないということになります。

細胞が並んでいない状態というのは、**写真2**を見れば、すぐにわかります。これらの小片は細胞ではなくて、細胞の集合体であるパーティクルですが、細胞と考えても理屈は同じです。また、細胞が連続していないという意味も理解できると思います。

パーティクルをつくるには、木材の長手方向を切断しますので、必然的に繊維のつながりは、断続することに

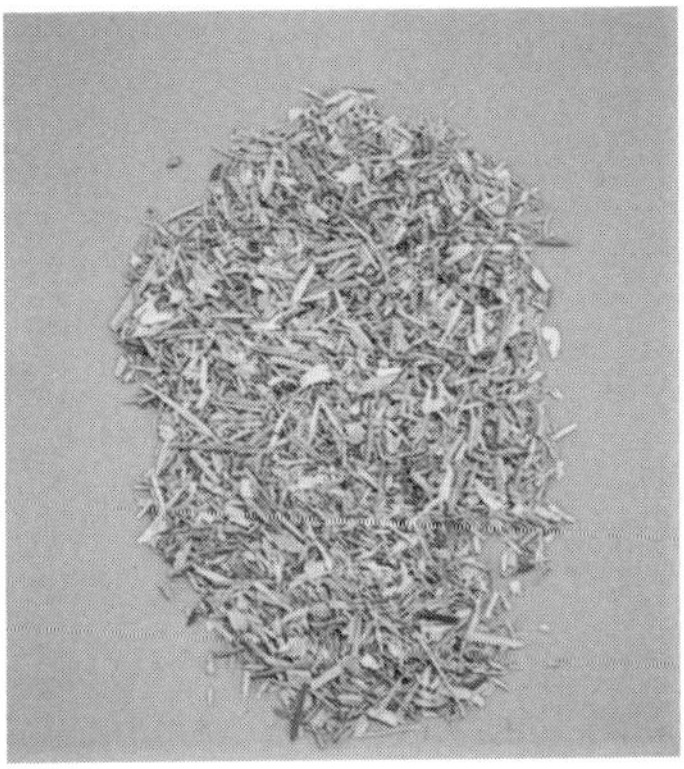

写真2　短いパーティクル

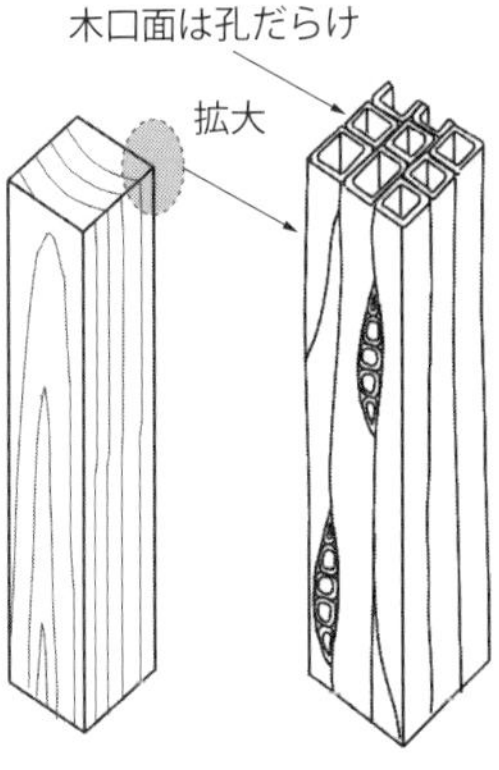

図1　木材の細胞

なります。

一般的なパーティクルボードの圧縮、曲げ、引張強度は、製材の板や合板のそれよりも低いのですが、その理由は、この写真のようにパーティクルが短くて、バラバラな方向を向いているからなのです。

もし、**写真3**のような、長いパーティクルを用いて断続部分を少なくし、それを一方向に並べれば、パーティクルボードの強度は向上するはずです。実は、この薄くて細長いパーティクルがストランドなのです。

■並べる

ストランドを並べる（配向させる）には、薄い円盤を横に何枚も並べたようなスリットの間に、パラパラと落としてやればいいのですが、単純に一方向だけに並べるだけでは、その長さ方向の強度は上がりますが、それとは直交方向の強度は低いままです。

そこで合板のように上下の層と中間の層とでストランド

写真3　薄くて細長いパーティクル（ストランド）

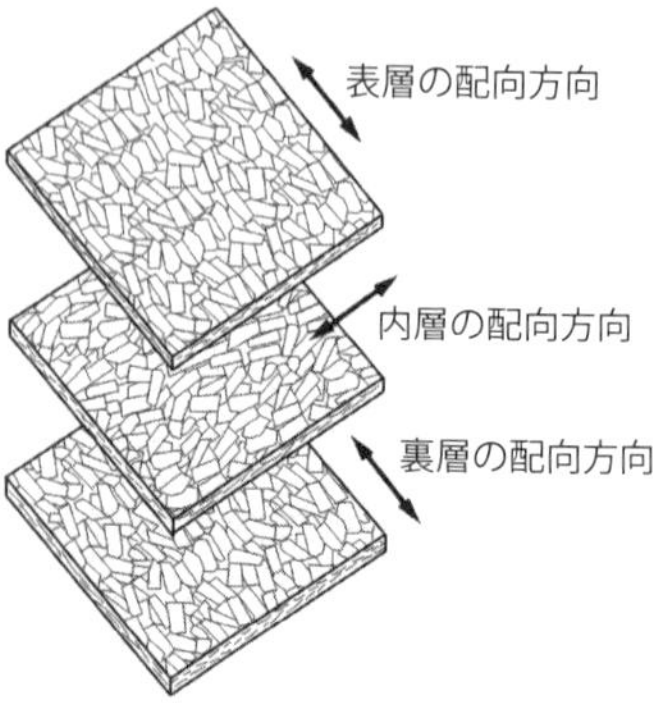

図2　直交させて配向

の方向を直交させてやります。その後プレスしてやれば、長さ方向の強度は若干落ちますが、直交方向の強度は上がります。同時に、くるいにくくもなります。

なお、当然のことですが、ストランドには配向させる前に接着剤を噴霧しておきます。

■コスト

ご存じのように、合板は丸太をかつら剥きにして単板を作り、それを直交方向に積層接着して作ります。ですから、それなりに太くて通直な丸太がなければ作れません。しかし、ストランドなら、細くて曲がったような丸太も、原料にできます。つまり原料費を抑えることができるのです。

薄くて長いパーティクルを作って、それを合理的に並べるという技術開発によって、ＯＳＢは合板より強度性能は低いけれど、それでも十分だという用途に使われるようになりました。ただ、今のところ全部輸入品で、国産品はありません。

第38話　驚くことに太い丸太のほうが安い！

これまで、木材に関する常識がずいぶん変わってしまったという話題をいくつか取り上げてきました。

今回もその類いの話題です。実は太い丸太のほうが細い丸太より安くなっているのです。もちろん、1立米（㎥）あたりの価格ではあるのですが、例えば、2018年12月の秋田原木市場（大館市）の平均出来高を見ると、太い直径30～38㎝の丸太が1万2000円で、24～28㎝が1万4500円となっています。これは秋田に限らず、全国的な現象ですが、さらに言えば直径38㎝以上となると、値段がつかないようなこともあります。

「そんなバカな。太いほど大きな柱や梁が取れるし、二方柾や四方柾のような高価な柱は太くないと取れないはずでしょ」というのが、一般人の常識的な反応ではないでしょうか。

しかし、現実に10年以上前から、太いほうが安くなっています。まさに昔の常識は通用しなくなっているのです。

■大径材とは

さて、ここで言う大径材とは、太くて巨大ないわゆる銘木のことではありません。戦後の「植えよ、増やせよ」の時代に植えられて、末径が30㎝以上にまで育ったスギの尺上（しゃっかみ、しゃくかみ）丸太のことを言います。ただ、価値が下がっているという意味では、もう少し太い36㎝以上と限定してもよいかもしれません。

写真1がそれです。ちょっとわかりにくいかもしれませんが、36～42㎝の大径木が集められています。

■安い理由

どうして大径木の価値が低くなってしまったのか、これに関してはさまざまな理由が考えられます。

まず思いつくのは、かつて大径材だけからしか得られなかった大きな断面の梁や桁が、現在では構造用集成材に代替されていることが挙げられます。つまり大径材の稀少価値が下がってしまったわけです。それに、集成材であれば、大断面の製材のように使っ

写真1　径級区分されて土場に置かれた直径36～42㎝の大径木

写真2　選木機（径級を分ける機械）

ているうちに乾いてきて大きな割れが入る心配はありません。

次に、現在の構造用材の製材システムが大径材に向いていないことが挙げられます。走材車の上に丸太を載せて、前後に行き来しながら帯鋸で製材していく昔ながらのシステム（**写真3**）は、多品種を生産するのには向いていますが、中小径木を効率よく大量に製材するのには限界があります。

そこで、2台の帯鋸の間をチャックに挟まれた丸太が自動的に行き来するツインバンドソーのシステム（**写真4**）が開発され、全国に導入されました。ただし、このシステムは中小径木の効率的製材が求められていた時代に開発されたものであるため、太くて重い大径材を処理できるようには設計されていません。径が大きいと丸太をチャックできませんし、チャックできるくらいの径でも、挽き幅が大きくなって切削の抵抗が大きくなります。

つまり、大径材を挽きたくても挽けない工場が現在主流となっているわけです。

さらに言えば、大径になればなるほど運搬のときに空間ができること、いわゆる「空気を運んでいる」ようになってしまうことも、

写真3 走材車を用いた製材

写真4 一般的なツインバンドソー

大径材の問題の一つであると言えるでしょう。

■新鋭工場

以上のように、「太いほうが安い」という非常識な状態が続いてきたのですが、つい最近、秋田県大仙市に、大径材を効率よく製材できる工場が竣工しました。大径材が強力なツインバンドソーで効率的に製材されていくのを見ると、ある種の感動さえ覚えます。

今後、このような新鋭工場が増えることが期待されています。

写真5　大径材対応の新鋭ツインバンドソーシステム

第39話 知っているようで知らないタケのウンチク

今回はちょっと「木」を離れて、木のようではあるが木ではない「タケ」をテーマに選んでみました。

タケに関するウンチクに「タケは草なのか木なのか」があります。答えは「タケはどちらとも違う、タケという植物である」です。植物ではあっても草や木とは体の仕組みが違いますから、これは当然でしょう。

また「タケはなぜ成長が早いのか」もよく出る質問ですが、この答えは「節の部分に成長点があって、それがアコーディオンの蛇腹《じゃばら》のように一気に伸びるので、一日に1メートル以上も成長することがある」です。

というような、どこにでも載っているQ＆Aをいくら続けても、記事としてはあまり面白くないので、ここではちょっと違う視点からタケのウンチクを二つ紹介します。

■バンブー

タケ類といえば一般に「タケ」と「リサ」のことを言いますが、そのほかにも熱帯・亜熱帯性で、棹《さお》が株立ち状に密集する種類があって、これが「バンブー」と呼ばれていることをご存じでしょうか。

写真1のようなタケ類がバンブーです。これはタイミンチクという沖縄あたりで見かける種類ですが、いかにも南国的な感じがします。「なるほど。でもバンブーって、英語でタケのことをそう言うんじゃなかったっけ」と考える方が多いのではないかと思います。実は、英国ではそもそもタケ類が生育していなかったために、英語にはタケとササと「バンブー」を区別する概念がなくて、すべてのタケ類がBambooと呼ばれているのです。もう少し、これらの違いをくわしく言うと、棹が成長して皮が剥がれてしまうのがタケで、剥がれないのがササです。どちらも地下にある茎（**写真2**）が横に拡がりそこからタケノコが出てきます。一方、バンブーでは棹の根元から隣接してタケノコが出ます。このため、棹が密集してしまうわけです。

写真2　モウソウチクの地下茎

写真1　バンブーの一種（タイミンチク）

■成長

樹木とタケの違いで、案外知られていないのが、タケノコが成長してタケになってしまうと、それ以上は伸びも太りもしないということでしょう。

本書で何度も出てきた「細胞分裂する形成層」がタケにはありません。ですから、棹が伸びきってしまうと、それで成長はおしまいになるのです。もちろん、年輪もできません。

とは言っても、そこでタケが枯れてしまうわけではありません。タケの葉では光合成が行われています。光合成されたブドウ糖などは、維管束（タケの断面に見えるポツポツ状の部分）を通って地下茎に運ばれ、別の場所に新しいタケノコを作るための原料になるのです。

このような地下茎を使った成長のメカニズムを持っているため、普通の樹木の種子が発芽・成育できないような暗い林の中にも、タケは侵入できるのです。放置された竹林から隣接する森林にタケが所構わず侵入し、全国で大問題になっているのは、このためです。

やはり耐火・耐震性能が強化されてきた・・

第40話　昭和の末期に外圧がやってきたおかげで

第26話と第27話で、1955（昭和30）年の木材資源利用合理化方策によって、「木材を使わないようにすること」が、わが国の行政方針になったこと、そして建築学会が1959（昭和34）年に木造建築の研究を放棄してしまったことを説明しました。

その後、木造排除・軽視の風潮が建築界全体の主流となり、いわゆる木造建築の暗黒時代が約30年間続いたのですが、かといってこの暗黒時代の間に林業・木材業が衰退してしまったわけではありませんでした。

何しろ当時は高度経済成長時代でしたから、構造用の用途は制限されてはいたものの、木材需要はどんどん増加していきました。当然、国産材だけでは対応しきれませんでしたから、1964（昭和39）年には木材輸入が自由化されました。

国内林業にとっても、国産材資源は不足したままでしたので、基調として好景気が続きました。特に秋田県は古くからの林業地で、豊富で優良な木材資源を持っていたために、日本でも有数の林業県でいられたのです。

一方、木造建築業界においては、木造プレハブの登場以外にこれといった技術革新はなかったものの、新設住宅戸数の増加によって全体的に右肩上がりの状況が続きました。

このように、高度経済成長に伴って木材需要が増加している間、木材関連業界は好況だったのです。しかし、需要は１９７３（昭和48）年にピークをうち、その後オイルショックを経て縮小し、停滞状態へと陥りました。

私がつくばの国立研究所に採用されたのは１９８２（昭和57）年でしたが、当時林業・木材業関係者の間で叫ばれていたスローガンが「木材需要拡大」でした。四半世紀前の木材資源利用合理化方策など、とっくの昔に忘れ去られていたのです。

こういう状態のところに降りかかってきたのが、北米からの外圧でした。当時のわが国は北米に向けて電化製品や自動車などを大量に輸出していましたが、北米からの輸入はそれに比べて少なく、大きな格差があったのです。このため、いわゆる日米貿易摩擦が生じて、大きな外交問題となっていました。

この交渉の中で人工衛星やスパコンと並んでやり玉に挙がったのが、木材・木質建材でした。大型木造が珍しくもない北米から見れば、日本の建築界全体に流れる木造排除・軽視の風潮、例えば「高さ13ｍ、軒高９ｍ以上の建物は木造禁止」という建築基準法の規定は、非関税障壁以外の何物でもありませんでした。

この外圧を受けて、昭和末期の1987（昭和62）年に出された施策が、建築基準法の大改正（大規模木造の部分的解禁）でした。木造排除の大方針に穴が空いたのです。

日本の木材業界は、造作用・化粧用だけでは木材需要拡大に限界があることを感じていましたので、この施策によって構造用の用途が拡大することに期待をかけました。

木造建築業界も、木造の先進諸国における技術開発の進展に歯ぎしりしていたわけですから、諸手を挙げてこの施策を受け入れました。さらに、一般の建築業界も鉄とコンクリートの建築にいささか飽きを感じて、先進諸国で展開している新しい木造建築に注目しはじめていたのです。

ともあれ、1987（昭和62）年の建築基準法改正によって木造建築の暗黒時代がようやく明けました。具体的には、製材をはじめとするさまざまな構造用木質建材の規格や基準が整備されるとともに、大断面構造用集成材のような新製品が色々登場してきました。また、それらを利用した新しい木造建築も次々に建設されるようになったのです。

木造建築の暗黒時代が終焉したことによって、日本の木材関連業界も新たな時代に入り、「さあこれからだ」と順調に進展しはじめたのですが、十年も経たないうちに大事件が起きました。それが1995（平成7）年の阪神・淡路大震災でした。この続きは次回で。

第41話　阪神・淡路大震災以降に起きた大変化

1987（昭和62）年の建築基準法改正によって、約30年間続いた木造建築の暗黒時代がようやく終焉し、日本の木材関連業界も新たな時代に入ったことは前回お話ししました。

ところが、それから十年も経たないうちに、林業・木材・木造関連業界の情勢を大きく変えることになる大事件が起きました。それが1995（平成7）年の阪神・淡路大震災でした。

私自身、震災発生後に何度か調査に出かけたのですが、写真のような在来工法住宅の大被害を目の当たりにして、暗澹たる気持ちにならざるを得ませんでした。「ああ、これで日本の木造もおしまいだ。戦時中に空襲で焼けた街を見て建築学会が木造を見捨てたように、この地震被害を見て、今度こそ彼らは木造を完全に見捨てるだろう。」と思い込んでいたのです。

しかし、そんなことにはなりませんでした。それどころか、逆に建築学会で木造関連の研究が激増したのです。木造を軽視し続けてきた「つけ」が、大被害となって現れたことに、建築学会の面々は気がついたのでした。

この結果、耐震性をはじめとして、さまざまな分野での木造研究が本格化しました。また、建築基準の整備も急激に進みました。例えば、構造計算に用いる木材や木質材料の基準強度がきめ細かく設定されるようになりました。さらに、住宅の品質確保の促進等を目的とした法律（通称：品確法）も制定されました。これが2000年ごろの話です。

これらの結果、木造関連業界はそれ以前に比べて明らかにワンランク上の技術レベルへと進化しました。しかし残念なことにその動きについて行けず、大打撃を受けることになってしまったのが国産材関連業界でした。

そもそも国産材の最も大きなマーケットは在来軸組工法住宅の柱や梁、それも見栄えのよい化粧材を兼ねたような部材でした。ところが大震災の結果、木目の美しさよりも、くるいの少なさや強度性能の高さ、さらには品質の安定性といった「性能」がより強く求められるようになりました。つまり、「見た目のよさ」から「安全・安心」へと市場ニーズが変化したのです。これに対する対応が不十分であったため、国産材のマーケットが縮小してしまいました。

例えば、大きな断面の柱や梁の人工乾燥技術は当時まだ完成されていませんでした。また、強度

写真1　阪神・淡路大震災時に大被害を受けた住宅

品質の保証技術は、ほとんど普及していませんでした。

さらに悪いことに、そのころ、昭和30年代や40年代に植林されたスギが日本全国で使いごろの太さに育ってきていたのです。需要が減って、供給力が増していたわけですから、価格が低下するのは当然の結果でした。

1990年ごろに、スギ丸太（直径14から22㎝）の価格は1㎥あたり2万6000円ほどでしたが、2000年ごろには1万6000円くらいに低下し、さらに2005年ごろになると1万3000円くらいにまで低下してしまいました。

もちろん、このような価格低下の原因は需要構造の変化だけではなかったのですが、いずれにしても、かつてのような価格（ピークの1980年で1㎥あたり4万円弱）で売れるような状態ではなくなってしまいました。

このように、価格がピーク時の3割程度にまで低下するという、いわば日本林業の存亡に関わるような状態になったことを受けて、2009年ごろから新たな施策の方向性が打ち出されました。それが森林・林業再生プランでした。

第42話 木は生きているという表現

これまで、樹と木と木造に関するさまざまな間違い知識や勘違いを紹介してきました。今回は、間違いではないけれど、「やめたほうがよいのになぁ」といつも感じている表現について解説してみました。

■よく見かける表現

日本語で、自然がダイナミックに変化していることを表現したいときに使われるのが「生きている」という用語です。山は生きている、森は生きている、海は生きている等々のフレーズを使えば、自然と生態系が動的に移り変わっている様子を一言で表現することができます。

木材に関しても「木は生きている」というフレーズが使われることがあります。しかし、この表現は先に紹介したものとは異なり、あまりよい表現とは思えません。なぜなら、樹木が生きているのは当たり前ですし、木材がダイナミックに変化するわけではないからです。

■樹木は生きているのか？

これまでにも何回か説明しましたが、生きている樹木であっても、「樹幹」の大部分は死んでいます。樹幹の木部の細胞で生きているのは、辺材（白太）の柔細胞だけです。

写真1は某庭園でみたサクラです。高等動物なら体の一部がこんなに腐ると、とても生きてはいけませんが、腐っている樹心部分は元々死んでいるところなので、サクラとしては特に問題なく生きてゆけるのです。

■木材は生きているのか？

樹木の場合と違って、伐採されて製材になった「木」が死んでいることは、小学生でも知っている事実です。ただ、「木は生きている」とか「木は呼吸している」といった表現は、先にも書いたように、日本語として、間違いではありません。

とはいえ、このような情緒的・擬人的な表現を木材関連業界の印刷物やインターネット情報で見かけるたび、「色々な勘違

写真1　樹心が腐朽して、大きな洞ができても生き続けるサクラ

いや誤解を生む原因になりやすいので、やめたほうがよいのになぁ」といつも感じます。

例えば、木は生きているので、

①　人工乾燥は木の繊維を殺してしまう。

②　塗装すると息ができなくなってしまう。

③　化学物質である接着剤は木によくない。

④　金物を使うと錆で木が死ぬ

などなど、この表現がおかしな誤解の連鎖を生んでしまっている例は数多いのです。

一般の人が「木が生きている」と言っても何の問題もありませんが、業界のプロが言うと非常に違和感を覚えます。木材の魅力を説明する表現はほかにいくらでもあるはずと思うのですが、いかがでしょうか。

■弁解に使うのは最悪

改めて説明するまでもありませんが、木材は完全無比の材料ではありません。例えば、水分の吸着・脱着に伴って、いわゆる「あばれ・くるい」が生じることがあります。

木材の人工乾燥技術が高度化した現在では少なくなりましたが、新築の家で夜中にパリパリ音がする、材に割れが入る、鴨居が垂れる、壁紙に皺や切れ目が入る等々、あばれ・くるいにまつわるトラブルは今もなくなったわけではありません。

そのようなとき「木は生きていますから、しょうがないんですよ」では、全くの思考停止的な弁解にしかなりません。21世紀の現在、そんな説明でユーザーが納得するはずがないと思います。

科学できちんと説明できることは、科学的に説明しないと、ユーザーからの信用を失うだけでしょう。というよりも、すでに、それで木材業界はかなり信用を落としてしまっているのではないでしょうか。

くるったり、割れたり、ねじれたりする理由（異方性、膨潤収縮、アテなど）をわかりやすく説明しておいて、「だから、いろいろ工夫して、欠点が出てこないようにしないといけないんですけど、なかなか難しいんですよ」とでも説明するほうが、ユーザーの納得を得やすいのではないのでしょうか。

もちろん、そのためにはきちんと木の科学を勉強して、ユーザーに対して現象を科学的に説明できるようにしておかなければならなりません。

写真2　割れが入ったり、くるいが生じたりしている骨組み。危険とは言えないにしても見た目が悪い。

第43話　木材の耐火実験ってどうやるの？

木材と火の関係については、第13話で「大きな断面だと表面は燃えるけど、燃えにくい」という解説をしました。それでは、どうやって燃えにくさを調べるのかというのが今回のテーマです。

実は、2018（平成30）年の5月に秋田県立大学木材高度加工研究所の耐火実験施設が竣工しました。この施設は、東北初の大型実験施設で、3種類の実験炉が設置されているのですが、今回は最も一般的な水平炉による梁の実験で、試験の方法を説明してみたいと思います。

■試験体

まずは、**写真1**を見てください。これが耐火集成梁の試験後の状況です。一見、大きな断面の集成材のように見えますが、燃えにくくなるような特殊な処理をした部材が内部に複合されています。燃え具合を調べるために、一部断面を切り取っていますが、梁の表面は焦げてはいるものの、肝心の中心部は健全なままであることがおわかりいただけると思います。

■耐火炉

試験中、下からバーナーであぶっているところを、試験炉の横側に設けられたのぞき窓から写したものが**写真2**です。

試験体は当然、耐火炉の中に入れられているのですが、力のかからない無負荷の状態ではなくて、常に上から荷重が作用した状態におかれています。

それを示しているのが**写真3**です。セッティングされた梁の上から中央のジャッキで荷重を作用させています。白い断熱材で覆われた部分が集成梁の上部になります。

写真4が燃焼炉の全景です。のぞき窓、上部のジャッキ、のぞき窓の中間に見える試験体の端部、バーナーの配管などの関係がおわかりいただけると思います。

■試験時間

この試験では、**写真2**のような形で2時間燃やし続けて、火を止め、そのまま24時間後に、試験体を

写真1　防耐火試験炉から取り出された試験体

写真2　下部のバーナーから炎を浴びる集成梁試験体

取り出しました。なお、温度の上昇させ方は規格で定められており、1時間後には950℃程度、2時間後には1050℃程度になります。

普通の木材の梁なら、2時間もこんな温度で燃やされ、その後1日も放置しておかれたなら、当然燃え落ちて、灰しか残らないところですが、**写真1**からもおわかりのように、耐火集成梁の表面は焦げてはいますが、中心部は見事に燃え残っています。

このように2時間の加熱に耐える性能を2時間耐火性能などと表現します。1時間や30分という加熱時間の場合もあります。もちろん時間が長いほうが、高度な耐火性能をもっているということになります。

木材の防耐火のはなしとなると、結構、色々なことを説明しなければならないので、今回は手はじめに、木高研の耐火実験施設での集成耐火梁の試験をご紹介しました。

続きは次話で。

写真3　試験体がセッティングされた防耐火試験炉の上部（ジャッキで梁に荷重をかけているところ）

写真4　燃焼炉（水平炉）の全景

第44話　ちょっと面倒な防耐火の用語

第43話では、秋田県立大学木材高度加工研究所の耐火実験施設で行われた、耐火集成梁の2時間耐火試験を例にとって、耐火試験の方法を紹介しました。

今回は、木材と火に関する話を進めるうえで必要な用語を、ごく簡単に説明します。

■4種類の木造

火災に対する性能の視点から見ると、木造建築は、裸木造、防火木造、準耐火木造（準耐火構造物）、耐火木造（耐火建築物）の4種類に区分されます。

「裸木造」は、昔の茅葺き民家のように、内部からの火災にも外からの延焼にも特に抵抗する仕組みのない木造建築です。これに対して、「防火木造」は外壁や軒裏を燃えにくくして、外からの延焼を防ぎます。日本の木造住宅の大多数がこれに当てはまります。

「準耐火木造」は、部材や構造に火災に対する工夫を凝らしたものです。中身が燃えても構造体が燃えはじめるまでに時間がかかり、避難や消火活動がやりやすくなっています。ただ、最終的には構造体が燃え落ちることもありえます。

「耐火木造」は、構造体に火がつかない、あるいは火がついても自然に鎮火するようにしたもので、火災が終了しても構造体は燃え落ちません。

現在、わが国では、このような4種類の木造建築があるわけですが、もちろん、これらが制限などこにでも好きなように建てられるわけではありません。まず、建てる場所に制限があります。

■用地の区分

自分の住んでいる場所が、都市計画法によってさまざまな用途に区分されていることを、ご存じの方は多いと思います。例えば、住居地域とか商業地域といった区分がそれです。

火災に関する区分としては、防火地域、準防火地域、法22条区域、無指定地域があります。「防火地域」は駅前や中心街など、防火への備えが最も重要となる地域です。「準防火地域」は防火地域の周辺地域などです。両者以外に、屋根や軒下に一定の防火性能が要求される地域が「法22条区域」です。そして、これら以外が「無指定地域」ということになります。

■建物の区分

このように区分された土地の上に建物が建つわけですが、用地の種類によって、建てられる延べ面積と階数が異なります。

例えば、最も制限の厳しい防火地域では、2階建て以下で延べ面積が100㎡以内の小規模な建物でも、準防火建築物でなければなりません。それ以上であれば防火建築物でなければなりませんし、一般的な防火木造は建てられません。

土地の区分だけではなく、建築物の用途によっても、さまざまな制限が加わります。不特定または多数の人が利用するような特殊建築物、例えば百貨店や病院では、階数や延べ面積などに個別の制限が決められています。また内装の制限や、大規模なものでは防火区画の制限などもあります。

プロでもない限り、こんな複雑で細かな規定を知る必要はありませんが、いずれにしても、階数が多く、面積が広い建物ほど、高い防耐火性能を持つ部材や構造が求められることになります。その性能を保証するためには、実際に部材や構造を燃やして試験する必要があります。

■いつごろから

以上の説明から、耐火実験の必要性は理解していただけると思いますが、なぜ「今ごろになってそんな研究に注目が？」という疑問は残ったままかと思います。

実は、耐火建築物を木造で建てることが可能になったのは2001（平成13）年以降のことです。このときの建築基準法改訂で、基準法の基本的な考え方が、それまでの「木材は燃えるからダメ」から、「耐火の性能が認められれば木材でもＯＫ」に変わったのです。

当時、鉄筋コンクリートや鉄骨造で、耐火建築を作るためのノウハウはすでに確立していたのに対し、木造に関してはほとんど白紙に近い状態でした。

もちろん、法律が変わったからと言って、耐火木造に関する研究開発がすぐに進展したわけではありません。急激に進展するきっかけとなったのが、公共建築物は木造で作るべしという「公共建築物等木材利用促進法（2010年）」の施行でした。

先にも述べたように公共建築物は住宅よりも高い防耐火性能が求められますので、これを契機に、木造の部材や構造に関する研究開発が全国で進みはじめたのです。

ところが、性能を検証するための実験施設はそんなにたくさんありませんでした。試験を頼んでも1年や1年半待ちという状況が続いていたのです。実はこの状態は現在も変わっていません。2018（平成30）年の5月に木高研に耐火実験施設が竣工したのには、このような背景があったのです。

写真1　準防火地域に建てられた3階建て耐火木造

第45話　内装に木材を使うのにも色々な制限が

前回の第44話で、建築物に要求される防耐火の性能は、建てる地域、用途、規模によって異なることを解説しました。

今回は、構造物だけではなく、その内装に関する制限について解説します。実は病院や映画館といった特殊な建築物や大規模な建築物では、耐火の観点から制限がかけられています。つまり、内装に普通の木材を利用できないこともあるのです。

■不燃材料、準不燃材料、難燃材料

内装の制限を受ける建築物では、壁および天井の室内に面する部分の内装を、「不燃材料」、「準不燃材料」、「難燃材料」で仕上げることが義務づけられています。用途や規模によって、壁は難燃材料以上にしなさいとか、天井は準不燃以上にしなさいといったことが細かく規定されているのです。

説明もなく、不燃材料、準不燃材料、難燃材料という用語を使ってしまいましたが、実はこれら三者の違いは、材料が燃えはじめるまでの時間の長さの違いだけです。

もう少し詳しく言うと、燃焼試験を始めてから20分、10分、5分の間に、①燃焼しない、②防火上有害な変形、溶融、亀裂その他の損傷を生じない、③避難上有害な煙またはガスを発生しない、という状態であれば、それぞれ、順に不燃材料、準不燃、難燃材料となります。つまり、20分以上燃えなければ、不燃材料になりますし、10分以降に燃えはじめたら準不燃材料に認定されるわけです。

写真1　コーンカロリーメーター（左手前に黒く見えているのが試験後の試験体）

■コーンカロリーメーター

この燃焼試験を行う装置がコーンカロリーメーターです。木高研にも設置されています。写真の左手前に見えるのが試験体（寸法：10×10㎝）です。試験機の大きさは高さ、幅ともに160㎝位ですから、前々回に紹介したような耐火試験棟の実大燃焼炉ほど大きなものではありません。

写真1で矢印の示している部分がコーンヒーターです。コーン、すなわち円錐形をしています。この下に試験体を置いて加熱します。

実際の試験では、700℃で加熱しながら、発生した分解ガスにイグナイター（点火装置）でパチパチと火花を当てます。もちろん、ガスが発生していなければ、着火はしません。つまり、燃焼が生じないわけです。

先にも説明したように、5分以上着火しなければ難燃材料、10分以上なら準不燃材料、20分以上なら不燃材料と認定されることになります。

■木材の難燃加工

木材を燃えにくくする加工として最も一般的な方法は、木材の中に難燃薬剤を注入させることです。薬剤の種類としてはホウ素系、リン酸系が多く使われます。もちろん配合させる薬剤の組み合わせと配分量は無限にありますから、さまざまな研究開発が必要となるわけです。

また、一口に注入と言っても、薬剤は木材中に簡単には入りません。このため、木材の表面に傷を付けたり小さな穴を空けることもあります。

■こんなところにも

内装材料に難燃化した木材を使うことは、2000（平成12）年の建築基準法の性能規定化以前でも可能でした。木高研に来られた方ならご存じだと思いますが、1階中央にあるラウンジの壁や天井には難燃化処理したスギが使われています。

もちろん昨今では「こんなところに木材を使ってもよいのかなぁ」と感じられるところにまで難燃化処理された木材が使われるようになりました。**写真3**、**4**は大阪の京阪中之島線の地下プラットフォームと地下2階の改札口付近です。驚くほど大胆に木材が使われていることがわかります。研究開発のさらなる進展によって、このような例がもっと増えていくことが期待されています。

写真2　木材高度加工研究所のラウンジ

写真3　京阪中之島線中之島駅の地下ホーム

写真4　京阪中之島線中之島駅改札口付近（地下2階）

第46話 中華ソバではないラーメンとは？

唐突ですが、「トラス」と「ラーメン」という対義語をご存じでしょうか？　トラスについては、「ああ、鉄橋なんかに使われている三角形を組み合わせた構造でしょ」と答えられる人が多いと思いますが、ラーメンについては聞き慣れない人が多いのではないでしょうか。

「ラーメン（Rahmen）」とは、もちろん中華ソバのことではありません。建築・土木の分野では、誰もが知っている「ある種の構造形式」です。

トラスとラーメンの形態を比較したのが**図1**と**2**です。ごく簡単に言うと、トラスが軸材を三角形に組み合わせたものであるのに対し、ラーメンは四角いフレームだけで構成されています。受けるイメージとしては、トラスは軸材が細くて軽快な感じで、ラーメンは軸材が太くて重厚な感じになります。

トラスとラーメンの決定的な違いは、軸材と軸材との接合部（節点）にあります。**図3**に示すようにトラスでは接合部がくるくる回る滑節《かっせつ》（ピン）であるのに対し、ラーメンではガチガチの剛節《ごうせつ》となります。

もちろん、滑節といっても、実際の構造物では、完全にピンであるものは少ないのですが、構造計算をする際には、ピンと仮定されてしまうのが普通です。

さて、ここからが木造の話になります。木造の場合、木と木を接合するには色々な方法があります。当然その力学的な特性もまちまちですが、全般的に言えるのは、接合部は滑節に近い場合が多いということです。

特に、軸材の端部を切り欠いたり、ホゾ穴を開けたりして組み合わせる接合（嵌合《かんごう》）では、一見がっちりしているように見えても、大地震時のように大きな荷重がかかると簡単にぐらぐらしてしまうことが多いのです。

わが国の一般的な住宅（在来軸組工法《ざいらいじくぐみこうほう》）では、軸材を嵌合させて構造を造ります。嵌合した部分はぐらぐらしています。このため、壁に斜材の筋違《すじか》いを入れてトラスのような三角形を造ってやらないと骨組み

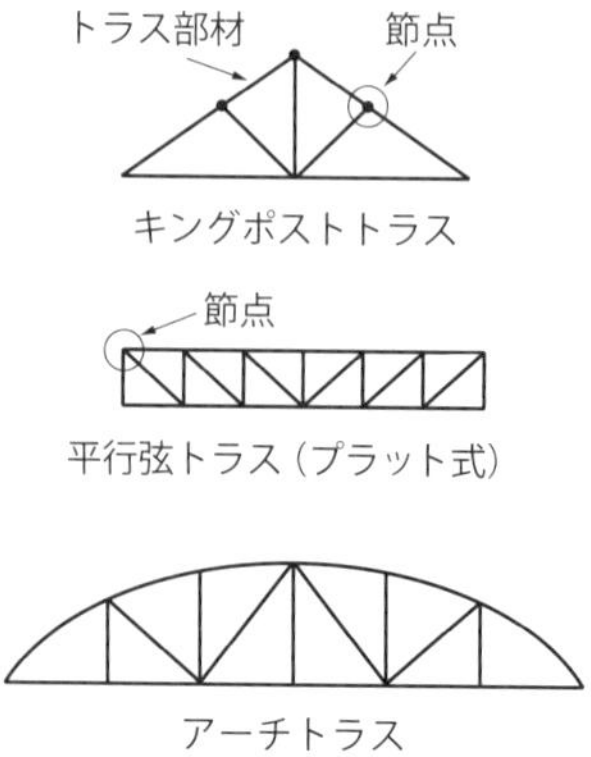

図1 トラス

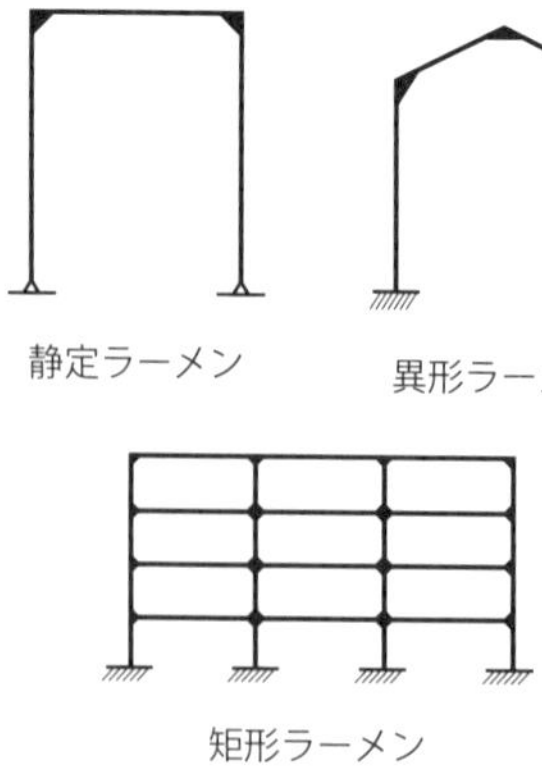

図2 ラーメン

が安定しません。あるいはその代用になるような壁（耐力壁《たいりょくへき》：例えば、厚い合板のような面材を貼った壁）が必要です。もちろん、部位によっては、嵌合部分が抜け落ちないような補強金物も必要となります。

1995（平成7）年の阪神・淡路大震災では数多くの在来軸組工法住宅が被害を受けましたが、その原因の多くは、このような筋違いや耐力壁の不備・不足でした。これを受けて現代の建築基準では、木造住宅の壁や接合に関する規定が大幅に厳しくなっています。

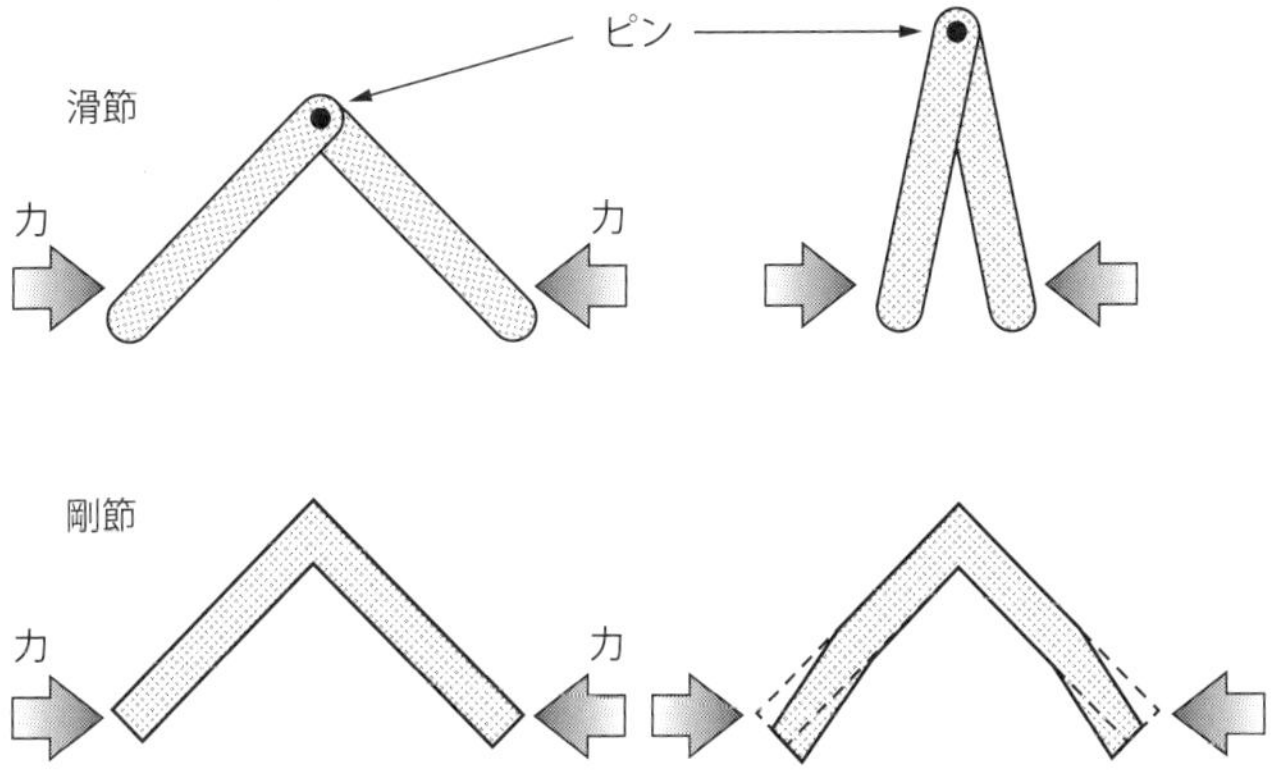

図3　滑節と剛節の違い

第47話 耐震性能を左右するのは壁の性能

かつて、わが国では木造建築といえば、校倉《あぜくら》を除けばすべて軸組式でした。しかし、柱のないプレハブパネル工法や枠組壁工法が登場し、現代では壁式の割合が高まっています。また、住宅工法の融合化が進み、軸組式であっても壁に合板を貼って外力を負担させる方式も一般的になってきました。

阪神淡路大震災以降、木造住宅の耐震化が進んだことはこれまでにも述べましたが、それは壁の重要性が認識され、壁の構造性能に関する研究が進み、壁に関する規制が強化された結果であると言っても過言ではありません。

というわけで、今回は壁と木造建築の耐震性能について解説したいと思います。

■耐震・免震・制震

本題に入る前に、基本的な知識について触れておきます。まず地震力ですが、これは基本的に地面と水平方向に作用します。上下方向にも作用しますが、支配的なのは水平方向です。鉛直方向に作用する雪荷重や自重とはここが違います。したがって、地震に強い建築とは、水平方向の振動に対して抵抗する能力が高い建物であるということになります。

抵抗する方式には、耐震・免震・制震の3種類があります。ごく簡単に言うと、耐震とは建物を頑丈にして振動に耐えるようにすること、免震とは建物に大きな地震力が作用しないようにすること、制震とは特殊な装置によって建物の揺れを制御することです。なお、後の2つに関しては説明が長くなりますので、ここでは耐震のみに話を限定します。

■柱の太さ

さて、建物を頑丈にして耐震性能を上げる方法ですが、「柱や梁を太くすれば、頑丈になるはず」と考えている人が多いかもしれません。確かに柱が太くなれば雪荷重に対しては抵抗力が増しますが、地面に平行な地震のゆれに対してはあまり効果がありません。

2016（平成28）年の熊本地震でも、阿蘇神社をはじめ、多くの社寺建築が大被害を受けました。社寺建築は太い柱を使うのが普通ですから、にもかかわらず、倒壊したものが多かったということは、太い柱が耐震性能にあまり寄与していなかったことの表れです。

さて、ここで思い出してほしいのが、前回第46話で説明した木造のラーメン構造の話です。「木造の軸組構造では接合部がぐらぐらしているので、筋違《すじか》いのような斜材を入れないと構造が丈夫にならない。もし斜材を入れないなら、強力な金物などを使って接合部を剛にしなければならない」と説明したはずです。

古い社寺建築では、昔ながらの伝統接合方式を使い、斜材をほとんど使いません。つまり、先のルールに従っていなかったことが大きな要因となって、大被害を受けてしまったものと思われます。

写真1は社寺建築ではありませんが古い伝統工法建築です。斜材がありませんので、このままでは大きな地震に対してほとんど抵抗できません。危険です。

写真1　耐力壁がほとんどない文化財建築（既存不適格で危険）

■とにかく壁が重要

ちょっと話がそれてしまいましたが、耐震性の高い頑丈な木造建築をつくるためには、最初から接合部をガチガチに固めた木造ラーメンにしない限り、①斜材を多く入れるか、②斜材の代わりになる面材料を使って、壁を強くすることが必要なのです。

地震に対抗する能力を持った壁を耐力壁《たいりょくへき》と言います。もちろん、色々な種類があって能力も異なります。例えば、筋違いを斜めに一本入れただけより、たすき掛けにして2本入れるほうが強くなります。また土塗り壁より、厚い構造用合板を貼った壁のほうが強くなります。このような能力の大きさを示すのが壁倍率《かべばいりつ》という値です。代表的な耐力壁の壁倍率の値を表に示します。設計の実務では、建物の東西南北の各方向に配置された耐力壁の壁倍率を合算して、それが基準を満足しているかどうかを判定します。

したがって、単純に考えれば、壁倍率の高い壁が数多く入っているほど耐震性能が高くなるという理屈になるのですが、ことはそう簡単ではありません。

耐力壁の配置とバランスが問題になります。例えば、商店建築のように、道に面した側がほとんどガラス張りで耐力壁がないような場合、奥の壁がいくら強くても、表の弱い側が地震によって大きく振られてしまうので、全体としてはかえって耐震性が落ちることになりかねないのです。

それに、壁倍率が大きい壁ほど振られたときに、柱の根元部分に大きな引き抜きの力が働いて、浮き上がりやすくなります。したがって、それに応じるだけの頑丈な引き抜け防止の金物が必要になります。ちなみに**写真2**の枠組壁工法の6階建て実験住宅では左右に振られると建物の隅に大きな引き抜き力が働きますので、最上階から基礎までつながった強力な金物が入っています。

表1　壁倍率の値

耐力壁の種類	壁倍率
土塗り壁	0.5
筋違い（厚さ 1.5cm× 幅 9cm）	1.0
上のたすき掛け	2.0
筋違い（厚さ 3.0cm× 幅 9cm）	1.5
上のたすき掛け	3.0
構造用合板厚さ 7.5cm	2.5

もちろん、耐力壁が多いほど耐震性が高くなるからといって、壁だらけの家では開放性が失われてしまいますので、居住性とのバランスも必要になります。

木造建築の耐震性能については、今回触れなかった地盤や床面など、色々なファクターが関係してきますが、住宅レベルの規模であれば、とにもかくにも、壁が一番重要であることを認識していただけたらと思います。

写真２　枠組壁工法６階建ての実験住宅（建築研究所）

第48話　伝統建築にも地震に対抗するメカニズムが

　これまで、伝統工法で建てられた建物には、五重塔のように驚異的な耐震性能を示すものがあるものの、現代の水準から見れば、耐震性能が不十分なものが多いことを説明してきました。ただ、耐震性能が不十分であるといっても、それは熊本地震のように震度6を超えるような強い地震には耐えられないということであって、弱い地震に耐えられるような仕組みは色々と工夫されていました。もちろん、その技術は途絶したわけではなくて、現代にも受け継がれています。

というわけで、今回は伝統建築における耐震メカニズムについて解説したいと思います。

まずはともあれ、**写真1**と**2**を見てください。

写真1は9世紀初頭の払田柵跡《ほったのさくあと》の外柵南門で、**写真2**は17世紀初頭の彦根城の太鼓門楼です。どちらも二層の門ですが、オリジナルが建てられた時期には800年もの年代の差があります。

　さて、両者の違いに気がつかれたでしょうか。まず柱の根元に注目してください。外柵南門の方は柱が直接地面に埋め込まれています。つまり穴を掘って柱を落とし込み、周りを埋め直して柱を立てているわけです。現代の電柱と同じ方法です。こういう形式を掘っ立てと言います。三内丸山遺跡の大型建物はこの形式ですし、先年、式年遷宮で20年ぶりに建て替えられた伊勢神宮の正殿等の柱もこの形式です。

掘っ立ては地震や風のような水平方向の力に対してそれなりに抵抗できますので、近代に入るまで庶民の住宅などにも使われてきました。しかし、なんと言っても地際の部分が腐りやすく、耐久性の低いことが大きな欠点でした。

このような掘っ立ての外柵南門に対して、太鼓門楼の柱は石（礎石）の上に立っています。この形式が使われるようになったのは、仏教が伝来した6世紀後半ですが、確かにこうすれば耐久性は格段に向上します。しかし、水平方向に支えになるものがないので、軸組全体が変形しやすくなってしまいます。

そこでそれを補って軸組を安定させるために使われるようになったのが、**写真3**の長押《なげし》です。円い柱を少し欠き込んで、同じく丸く欠き込まれた木材を柱の片側からはめ込み、大きな釘で留めつけるのです。これによって地震のような横からの外力に対し

写真1　払田柵跡外柵南門（秋田県大仙市）

写真2　彦根城太鼓門楼（滋賀県彦根市）

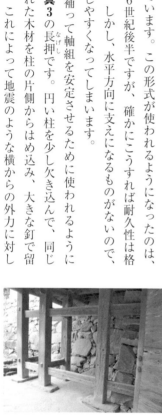

て変形しにくくなります。ただし、ガチガチの剛節ではありませんから、やはり、それなりの耐震性能しかありません。

その後、時代は下って鎌倉時代ごろになると、革新的な工法が生まれます。貫《ぬき》の登場です。もう一度**写真2**の門を見てください。

柱同士を繋いでいる水平の部材が見えます。これが貫です。柱と柱をまさに貫《つらぬ》いていることがわかります。**図**のように、柱に少し大きめの穴を開け、そこに貫を通してから、傾斜の付いたくさびを打ち込んで、生じる摩擦力で木材同士を留めつけます。

貫の登場によって、より剛性の高い構造が作れるようになり、耐震性能が向上したのです。もちろん、現代の水準から見れば色々問題もありますが、ともあれ、贅沢な材料を使って、手間暇をかければ、それなりに耐震性の高い建築も作れるようになったのです。

今回は、掘っ立て、長押、貫という、伝統建築の耐震性能向上技術について簡単に説明しましたが、実は大規模な建築に関しては、もう一つ、あまり知られていない耐震要素があります。これに関しては次話で。

写真3　長押の使用例

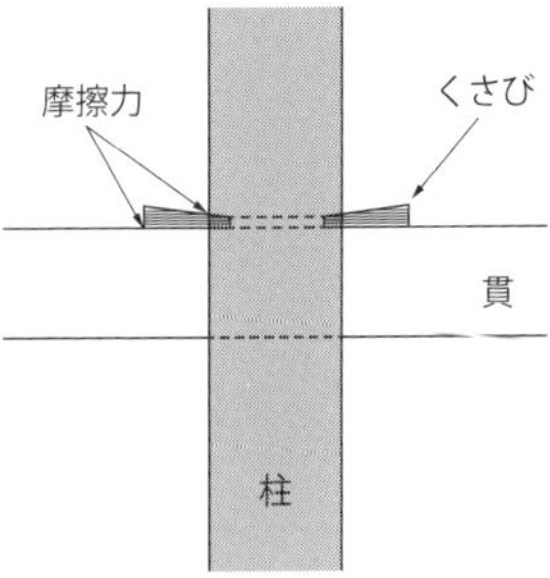

図1　くさび

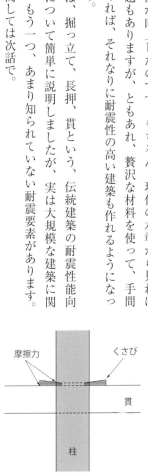

第49話 太い柱には意味がある

これまで、一般的な在来軸組工法住宅の耐震性は耐力壁の質（壁倍率）と量（壁量）、それに床の剛性などで決まってしまうので、柱の太さは耐震性にあまり影響しないと説明してきました。例えば柱の太さが10.5cm（三寸半）から12.0cm（四寸）に増えたからといって、水平の揺れに対する抵抗力が格段に向上することはないのです。

ところが、同じ軸組工法であっても、**写真1**のように古い伝統建築で直径が70cm以上もあるような太い柱なら、どうでしょうか？　感覚的にも何か揺れに対して丈夫そうな感じがすると思います。

写真1　太い巨大な柱

実際のところ、ここまで柱が太くなると、**図1**に描いてあるようなメカニズムが働いて、横から倒そうとする力に対して抵抗するようになるのです。

この太い柱に生じる抵抗力のことを傾斜復元力《けいしゃふくげんりょく》といいます。何だか難しげな用語ですが、「起き上がりこぼし」を考えてもらえば、そのメカニズムは簡単に理解できると思います。柱が傾いても、その重心が柱の縁の線を越えてしまわない限り、傾斜復元力によって柱は自動的に元の位置に戻ろうとするのです。もちろん太ければ太いほど傾斜復元力が大きくなります。また、この図には描いてありませんが、太い柱の上から鉛直方向に作用する荷重、つまり階上階や屋根が重いほど、倒れにくくなります。

第48話で説明したように、鎌倉時代に柱をくりぬいて横架材を挿入するという貫の技術が導入されるまで、傾斜復元力は大型木造建築物の耐震性能の大きな要素でした。**写真2**は平城京の大極殿（天皇が執務する建物）の模型ですが、数多くの太い柱が使われていたことがわかります。

もちろん、柱が太いということは、大きな貫の穴を空けることができるという意味で、貫が導入された鎌倉時

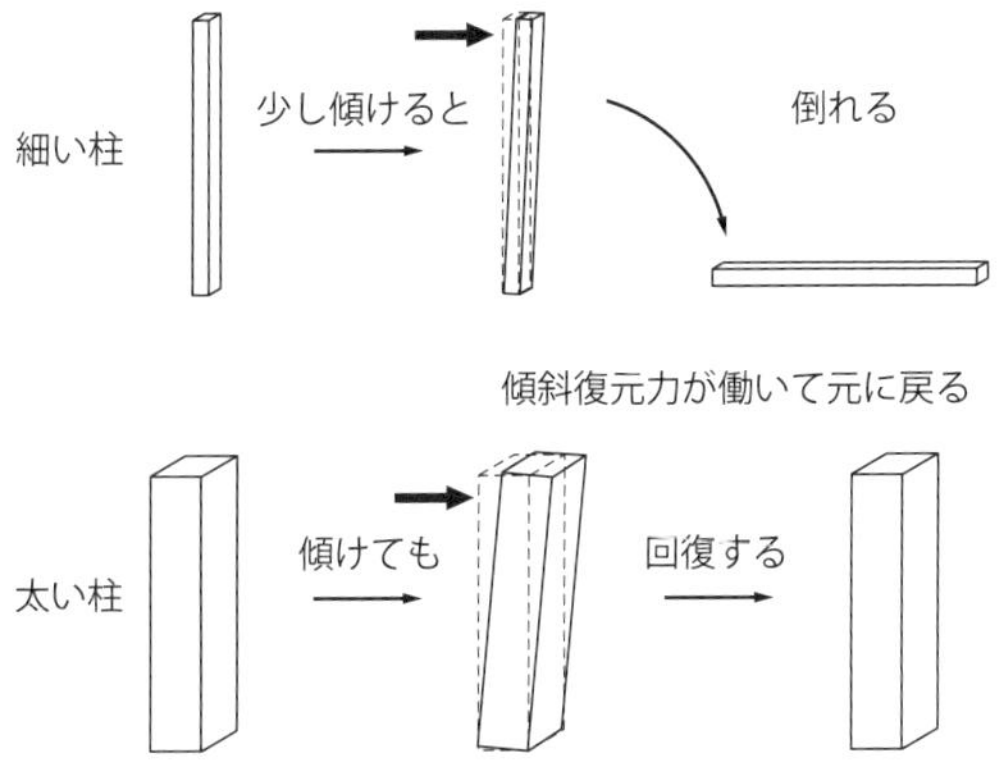

図1　傾斜復元力の原理

代以降においても、有利だったわけです。

さて、ここまではわかりやすい話だったのですが、ここから先は、わが国の大型伝統建築物の耐震性能が非常にわかりにくいという話になります。

先に説明したように、柱の傾斜復元力の大きさは階上階や屋根の重さ（鉛直荷重）によって変化しますし、柱の上の組み物（斗組《ますぐみ》）は、鉛直荷重が大きくなるほど、地震力に対して変形しにくくなります。しかしその一方で、重くなるほど作用する地震力が大きくなってしまいます。

こんなややこしい特性は鉄筋コンクリートや鉄骨ではちょっと考えられません。このため、大型伝統木造建物を復元しようとすると、特殊な実験データ（例えば組み物の剛性）が必要になりますし、構造計算も複雑になります。さらに、そもそもその計算方法が本当に妥当なものであるのかも、十分に検討されているわけではありません。

写真２　平城京大極殿の模型

というようなわけで、わが国の大型伝統建築は現代の構造力学でも、地震や風に対してどれくらい耐えられるのかが予測しにくいのです。五重塔の驚異的な耐震性の高さが未だに解明されていないのは、実はこんなところにも原因があるのです。

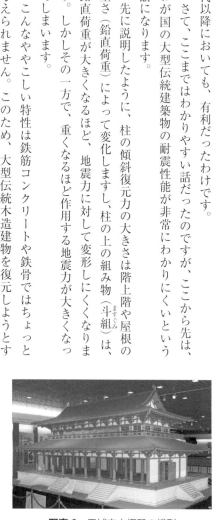

なるほど、そういうことだったのか・・

第50話 熊本地震のその後

古代の架構やら社寺建築の話が続いてしまったので、話を現代の木造建築の耐震性に戻すと、やはり２０１６（平成28）年の熊本地震とその被害の話がメインになろうかと思います。

熊本地震から半年すぎたころから、各種のマスコミでも建築学会の震災調査の総括や、被災地の復興状況などが報道されるようになり、被災者の生活状況だけではなく、半壊や全壊の家屋が多かったこともよく取り上げられていました。

構造物の被害が大きかった原因として、１９８１（昭和56）年の新耐震基準以前の建物が多かったことや断層の近くであったことなどが挙げられていますが、私自身にとっては、これはいわば想定内の原因でした。しかし、①新しい建築基準で建設された在来軸組工法住宅が、何棟か全半壊の被害を受けたこと、②震度6強や震度7の地震が続けて2回起きたことは、かなりの衝撃でした。今回はこれらのことを中心にお話しします。

■耐震基準の変化

よくご存じの方も多いと思いますが、わが国では大地震が起きて被害が出るたびに、耐震設計の基準が大幅に改正されてきました。

特に大きく変更されたのが、先にも述べた1981（昭和56）年の改正でした。現在でも、建築物はこの耐震基準（新耐震基準）に沿って建てられています。この改正で、木造に関しては壁量の規定が見直され、より多くの耐力壁を設けることが求められるようになりました。

次に大きく改正されたのが2000（平成12）年でした。このときに、地盤調査や接合部の強化、それと耐力壁をバランスよく配置することなどが要求されるようになりました。もちろんこの改正は1995（平成7）年の阪神淡路大震災の被害が反映されたもので、実は木材の強度性能に関する規定もこのときに細かく設定されました。

その後、2006（平成18）年には改正耐震改修促進法等も施行され、日本の木造住宅の耐震性は全般的にはかなり向上しました。実際のところ、2011（平成23）年の東日本大震災では、あれほど広範囲で大規模な地震が襲ったにもかかわらず、地震動による木造住宅の損傷は全般的に小さなものでした。木造が共振しやすい周期1秒～2秒の揺れが少なかったことが被害を小さくした理由ですが、やはり、これは阪神淡路以降の耐震性向上に関する対策が効果的であったと言えるでしょう。

というようなわけで、「地盤に問題がなくて、2000（平成12）年以降の住宅であれば基本的には大丈夫のはず」と、個人的には安心していたのですが、残念ながら、はじめに述べたような問題が噴出してきました。

■熊本地震が残した課題

熊本地震では2000（平成12）年以降に建てられた在来軸組工法住宅（**写真**）が、何棟か全半壊の被害を受けました。調査によって、その住宅では、筋違いやその接合部の施工管理が不備であったことが指摘されています。

また、新耐震基準以降に建てられた住宅で、全半壊の被害を受けたものでも、やはり筋違いの不備が原因になっているものが多いようです。

構造用合板などの面材料を軸組に釘打ちした耐力壁のほうが、筋違いを用いた耐力壁よりも性能が安定していることは、かねてから指摘されていましたが、熊本地震の結果がそれを裏づけることになったように思われます。

これ以外にも、被害家屋で直下率（1階と2階で柱や壁の位置が合致している割合）が低かった

写真 1　2000年以降に建てられたのにもかかわらず全壊となった在来軸組工法住宅（撮影：板垣直行教授　秋田県立大学システム科学技術科学部建築環境システム学科）

ことも問題視されています。

以上のような工法の問題だけでなく、震度6強や震度7の地震が連続して2度発生したことも、想定外とは言えないまでも、耐震の基準を考えるうえで問題を投げかけることになりました。

そもそも、現行の耐震基準では「建物の寿命の間によく起きる震度5強程度の地震ではほとんど損傷しない」、そして「1度起こるかどうかという震度6から震度7程度の地震でも倒壊・崩壊しない」ことが求められているわけですが、それが、1度どころか、1日おいて2度連続して起きたわけですから、基準そのものを見直すべきという議論が起きるのは当然でしょう。

基準そのものの話はここで置くとして、我々にできる対策としては、新築であれ耐震補修であれ、これまで以上に耐力壁を多く、バランスよく設置することに尽きるかと思います。壁量がこれまでの1・5倍は必要であると推奨している専門家もいます。

しかしながら、実はわが国の在来軸組工法住宅にはもっと根本的な問題があります。それが、小規模で2階建てまでの住宅では構造計算がほとんど行われていないという事実です。

これに関しては次話で。

第51話 木造住宅の安全性の保証

わが国の小規模な在来軸組工法住宅では、ほとんど構造計算が行われていないということを、第50話の文末に書きました。「そんなバカな！」と疑問に思われた方も多いと思います。

■構造計算とは

誤解のないようにもう少し詳しく説明すると、ここでいう構造計算とは「建物自体の重さ、雪の重さ、地震の力、強風の力などによって、柱や梁や接合部に作用する荷重を計算し、それに部材が耐えられるかどうかをチェックする」ことをいいます。

実は、2階建て以下で延べ面積が500㎡以下の小規模な木造住宅（建築基準法上の分類から四号建物と呼ばれています）では、このような詳細な構造計算を行なわなくても、建築士が簡易な計算（例えば壁の質と量のチェック）をして、それが規定以上であれば、建てることができるのです。

■確認申請とは

建物を建てるには、確認申請書という書類とともに構造計算書を役所もしくは民間の建築確認検査機関に提出して、建築基準法や条例等に適合しているかどうかの確認を受けなければならないのですが、四号建物では、建築士が設計したものであれば「構造計算書の提出が不要」であるという特例が設けられているのです。

木造でも四号建物以外の3階建てや大型の集成材建築などでは、鉄骨や鉄筋コンクリート造と同様に構造計算書が必要なのですが、四号建物では、建築士の能力を信頼して、確認申請が楽に進められるようになっているのです。

■安全性のチェック

それでは、実態として構造計算を省いてどうやって安全性を保証しているのかというと、「安全上必要な構造方法に関して政令で定める技術的基準に適合するかどうか」を確認申請のときに簡易な計算によってチェックしています。先に述べた壁量の計算や、壁の配置バランス、柱の接合方法などがこれにあたります。

また、基礎はこういう作り方にしなさいとか、地上から1mの所までは防腐処理をしなさいといった仕様《しよう》（スペック）を決めたルールがいくつかあります。ただ、これはとくに難しい内容ではありません。

もちろん、簡易な計算による安全性のチェックは、過去に蓄積されたさまざまな科学的根拠に基づいているので、広い意味では構造計算の一つであるといえるのですが、正確にすべての外力を計算して、それに部材が耐えられるかどうかを検証しているわけではありませんから、本来の構造計算に比べて信頼性が低くなるのは当然です。

実際に四号建物を構造計算してみると、壁量が少し不足していることがあるようです。前回紹介した「壁量がこれまでの1・5倍は必要である」と推奨している構造の専門家の意見もこういうところに根拠があるのです。

写真1　大都市周辺でよく見かける木造3階建て住宅

■木造住宅の今後

「そんな話を聞くと、ちょっと不安になるなぁ、じゃ、どうしたらいいの」ということになりますが、答えは簡単です。設計の段階で構造計算してもらえばよいだけのことです。

もっと根本的には、四号建物に適用されている特例を廃止し、鉄骨造や鉄筋コンクリート造と同じように構造計算書をつけるように法令を改正すれば、誰もが一応は安心できます。現在でも、四号建物以外の木造では構造計算されているわけですから、原理的に難しいことではありません。

実は、２００５（平成17）年に起きたマンションの耐震偽装問題（姉歯事件）の後で、四号特例の廃止が議論されました。しかし、このときの建築基準法改正が業界に大混乱を起こしてしまったため、特例廃止の話は棚ざらしになってしまったのです。

確かに当時の技術レベルでは、木造の構造計算は面倒でしたし、研究の蓄積も十分とは言えなかったのですが、ここまで研究が進み、構造計算ソフトも色々開発されてきましたから、現在の段階で、四号特例を廃止してもそれほど大きな混乱はないと思います。

とは言っても、実態として木造の構造計算に慣れていない建築士さんもおられるでしょうから、難しい面もあるのですが、ユーザー側から構造計算を要求すれば、状況は変わるはずです。

もちろん、構造計算したからと言って、地震に対して１００％安全かというと、それは断言できません。熊本地震でも見られたように施工管理の不備とか、思わぬ断層の存在と言った不確定要因からは逃れられないからです。ただ、ユーザーの安心感はずいぶん違うでしょう。

いずれにしても、そう遠くない将来、曖昧さが残る四号特例は廃止されるでしょうし、もっと研究が進んでより安全・安心な木造住宅が提供できるような設計法が確立されると思います。

日本に住んでいる以上、いつ大地震が起こってもおかしくないわけですから、読者の皆さんには、地震と住宅の安全性について、もっと意識していただければと願っています。

第52話　知られていない木材の規格

製材品や木質材料に規格があることをご存じでしょうか？　「家を建てるのに使うんだから、何かの規格があるんじゃないの」というのが多くの方の反応だと思いますが、それでは、その規格はJAS（日本農林規格）でしょうか、それともJIS（日本工業規格）でしょうか。

常識的にはJASだと思われがちですが、実はどちらにも木材関連の規格があります。JASには11種類、JISには約290種類もあって数の上では、JISのほうが圧倒的に多くなっています。ただしこれは、木材の試験方法、木工機械、パルプ、接着剤等を含めての数なので、木材製品の規格だけでいえば、製材をはじめ、集成材や合板といった木質材料のほとんどはJASに含まれます。一方、JISにはパーティクルボードを含め数種類しかありません。

■規格がなぜ必要なの？

さて、そもそも規格はなぜ必要なのでしょうか。卑近な例を考えると、すぐにその理由が理解できます。例えば、普段使っている単三や単四の乾電池を考えてみてください。もし、製造する会社によって寸法や発生電圧などがバラバラであったら、とてつもなく不便であることはすぐにわかると思います。つまり、「互換性の確保」「製品品質の確保」などの観点から、共通のルールである規格が決められているわけです。

■木材に規格は必要か

話を元に戻すと、一口に木材と言っても、丸太を切って形を整えた製材品と、いったん小さなエレメントに分解して、それを再構成した木質材料とでは事情が異なります。

木質材料に関しては、接着性能の保証がないと安心して使うことができませんから、造作用であれ構造用であれ、規格に合格していることが求められます。もちろん、実態としても、そうなっています。

ところが、製材品についてはそうなっていません。造作用に関しては、工芸品的な用途も多いですし、趣向性の強い多様な用途があるわけですから、大ざっぱな寸法がわかっていれば、「互換性の確保」、「製品品質の確保」ができていなくても、特に大きな問題はありません。

一方、構造用に関しては、そんな悠長なことは言っておれません。何しろ、安全安心に直接関わっているわけですから、強度性能に関するきちんとした保証が必要です。

当然、構造用の製材は全数ＪＡＳ規格品であるはずなのですが、実態はそうではありません。

驚くなかれ、何と2割程度しかＪＡＳ規格品が流通していないのです。

ＪＡＳ製材品にメリットがなければ、流通していない理由も理解できますが、構造計算に用いる基準強度の値は無等級製材よりはるかに高いですし、公共建築物にはＪＡＳ製品しか使えないという規定もあります。何よりも安心安全が保証されているわけですから、これを使わない手はないと思うのですが、実態はお寒い限りです。

■目指すべきはＪＡＳ化

その昔、乾燥技術が未熟であったころには、製材の品質管理は難しかったかもしれません。しかし現在では、大きな断面の製材でも人工乾燥はそんなに難しい技術ではなくなりました。もちろんＪＡＳ化に取り組まない理由は現在でもいくつかあります。手間暇がかかることやそれに伴うコストの上昇などです。しかしながら、構造用製材のＪＡＳ化はもはや生産者のやる気次第になのです。

写真１　生産者、ヤング率、含水率、寸法、製品番号等がすべて表示されているJAS構造用スギ製材

第53話　クリープとは？

それ相応の年配の方ならご存じだと思いますが、昔の木造住宅では、和室の鴨居《かもい》が垂れてきて、襖《ふすま》が動かしにくくなるというトラブルが、頻繁に起きていました。

「そう言われりゃそんなこともあったけど、何でそれが粉末の乳製品と関係するの？」といぶかしがられる方が多いかもしれません。実は荷重がかかったままの状態で、木材の変形が時間の経過とともに大きくなっていく現象のことを「クリープ」と言います。

「何だ、また変な専門用語の話か」と思われるかもしれませんが、以前に取り上げた「ラーメン」とは違って、オートマチック車でD（ドライブ）に入れるとじわじわ動き出すことをクリープというので、今回の用語は意味がわかりやすいと思います。なお「クリープ」は英語でcreepと書きます。コーヒーや紅茶に入れる粉末の乳製品の綴りはcreapです。

さて、まずは鴨居に垂れが生じた典型例を**写真1**に示します。もちろん、これは建築当初からこうだったわけではなくて、自重によって時間の経過とともにじわじわと垂れ下がってきたものです。

もっとわかりやすい例が**写真2**です。屋根の重みによって何本かの垂木《たるき》が大きくクリープ変形して、本来直線的であるべき軒先が大きく波うっています。なお、これらの写真では単に変形が大きくなっているだけですが、極端な場合には破壊が生じてしまうこともあります。

このようなクリープ現象は木材だけではなくプラスチックのような材料でも普通に生じます。また金属でも高温下では生じやすくなります。

常識的に考えてもわかるように、作用する荷重が大きいほど木材のクリープ変形は大きくなります。したがって、変形を少なくするには断面を大きくして生じる反力（応力《おうりょく》）を小さくするしかありません。**写真1**の鴨居も、もっと大きな断面の木材を使っていれば、こんなにもたわまなかったでしょう。

なぜ木材にクリープが生じるのかというと、なかなか難しくて、今のところ、明快な答えはありません。解答ではありませんが、木材にはゴムのように力がかかって

写真1　鴨居の垂れ

写真2　軒の変形

変形しても、力を抜けばまた元に戻る性質（弾性）と、粘土やスライムのように、力をかけるとズルズル変形して元に戻らない性質（粘性）とが共存していて、両者が絡み合ってクリープを生じさせているとでも考えていただければいいと思います。

原因の話はともかくとして、是非知っておいていただきたいのは、クリープによる変形は木材の水分が変化しているときに、より顕著になるということです。きちんと乾燥していない木材を、力のかかる構造部材に使ってしまうと、乾くにつれて、変形が乾燥材を使った場合の数倍にもなってしまうのです。

「木材は乾燥させてから使わなければならない」ということは、これまでにも、何回か説明してきましたが、それには単に乾燥によるくるいを防ぐというだけではなくて、クリープによる大変形を避けるという意味もあるのです。

第54話 木材にも身体検査が必要

第52話で、合板や集成材といった木質材料は当然のこととして、丸太を鋸で切断しただけの製材品についても、より高い品質保証が求められるようになってきたことについて説明しました。もちろん、品質を保証するためには、その製品がどういう状態にあって、どういう性能を持っているのかを知らなければなりません。そこで今回はその方法、いわば木材の身体検査について簡単に説明したいと思います。

■水分

立木の木材中には多量の水分が含まれています。立木を伐採して、製材する間に水分は徐々に抜けていきますが、それだけではなかなか乾燥しません。木材は十分に乾燥しておかないと、後々くるいが生じたり割れたりしますので、天日で長期間乾かす天然乾燥や、強制的な人工乾燥が必要になります。

ここで重要になるのが木材中の水分量（含水率）です。木材が十分乾いているのかどうかは、含水率がわからないと、正確に判断できません。

含水率の測定方法として、最も単純なのが、小片を切り取ってカラカラに乾かし、乾燥前後の重量差から求める全乾法です。しかし、製品を破壊してしまうので、普通は「含水率計」という機械を使います。もちろん外から測定するだけなので、製品を傷つけることはありません。

含水率計には簡易なハンディタイプ（**写真1**）や工場の生産ラインに組み込まれたもの（**写真2**）などさまざまな種類があります。ただ、その原理は簡単で、水分量と比例関係にある電気抵抗や電気容量等の値から含水率を推定しようというものです。もちろん、**写真2**のような大型のタイプであっても、医療機器のCTスキャンのように内部の水分分布がわかるわけではなく、ある断面における含水率の平均値がわかるだけです。

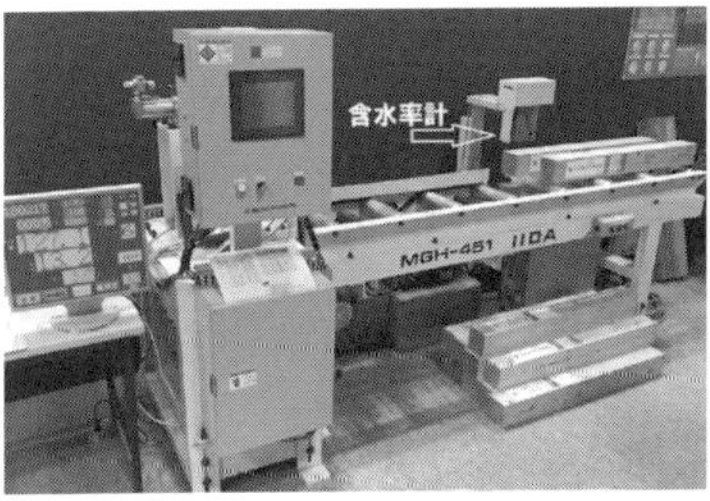

写真2　ヤング率の測定機
（2本の製材の上にある機械が含水率計）

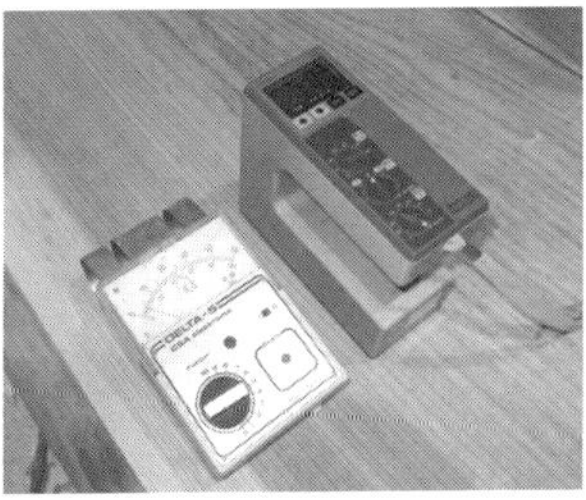

写真1　ハンディタイプの含水率計

■見た目の欠点

木材には大きな節や割れのような欠点が含まれることがあります。許容限度内であればとくに問題ありませんが、許容外であれば、これを排除しなければなりません。かつては人の目によって合否が判定されてきましたが、大量に処理しなければならない集成材のラミナ（挽き板）などでは、全くの能力不足です。

これに対応するため、画像処理を利用した欠点の自動判別技術が進んできました。**写真3**は、ドーナツの穴の部分を木材が通過する間に、瞬時に欠点の大きさを判別する機械です。

写真3　木材の欠点スキャナー

■ヤング率

ヤング率は第17話でも説明しましたが、力がかかったときに、材料がどれくらい変形するかを表す係数です。中学の理科で出てくる「ばね定数」と同じ概念の値です。この値が高ければ高いほど変形しにくいことになります。

かつては、この値がわからなくても、小さな住宅に使う程度であれば、大きな問題はなかったのですが、強度とヤング率の間に比較的強い相関関係がある（つまりヤング率が高いほど強度が高い）ことが明らかになってきたため、現在ではこの値が重要視されるようになっています。

ヤング率は金属などではほぼ一定の値を示すのに対し、木材では同じ樹種でも値が大きくばらつきます。このため、品質を保証するには、一本一本の製品の値を調べる必要があるのです。

ヤング率を測定する方法として、実際に荷重をかけてたわみを測定し、その値から計算する方法と、木材の木口をハンマー等でたたいて、その音を解析してから計算する方法とがあります。**写真2**は後者のタイプです。ただし、この写真ではハンマーが操作盤の裏にあるので見えません。

一見、十年一日のように見える製材屋さんの世界も、今ではこんなことになっているのです。

第55話 集成材とCLT（直交集成板）の違い

ここ数年、革新的な木質材料として、CLT（直交集成板：クロス・ラミネイテッド・ティンバー）が、色々なメディアで報道されてきました。第22話でも少し説明しましたが、わが国では全く新しい製品であることもあって、一般の知名度は今ひとつのようです。

今回は、CLTとほかの集成材とを比較させながら、その特性について説明します。

■原料の構成

「集成材」は、ひき板や小角材等をほぼ並行にして、厚さ、幅及び長さ方向に接着したものです。つまり、**図1**に示すようにひき板を一方向に並べて接着したものが集成材です。集成材には積層型と幅

写真1　CLTの大型パネル

はぎ型の2種類があります。なお、ひき板には長さ方向にフィンガージョイントされたものも含まれます。

これに対して「CLT」はひき板を幅方向に並べたものを、直交させて奇数層積層接着したものです。不思議に思われるかもしれませんが、幅はぎ型の集成材とは違って、CLTでは幅はぎの面は必ずしも接着する必要はありません。

■用途と強度の違い

積層型の集成材は普通の製材と同じように柱や梁といった細長い軸材料として使われます。一方、幅はぎ型の集成材はテーブルトップのような面の材料として使われます。ただ、基本的に小さな造作用が主で、大きな構造用には使われません。

写真2　木材高度加工研究所の玄関ホールに使われた集成材

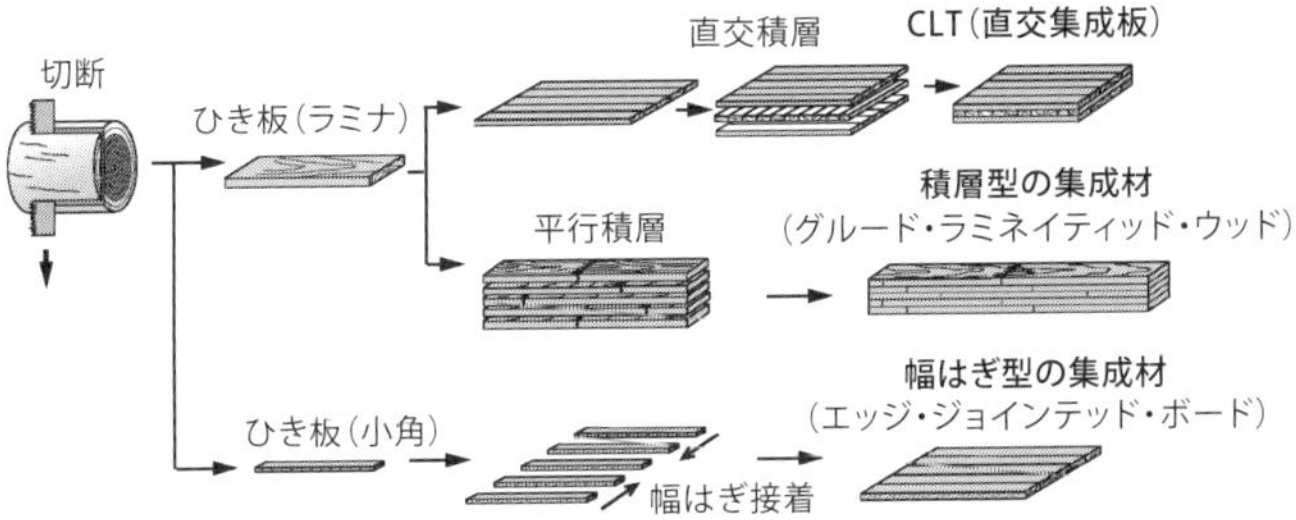

図1　CLTと集成材の違い

これらに対してCLTは床や壁のような大型の面材料として使われます。直交積層されているので、幅方向の曲げ強度などは、集成材や製材より大きくなります。もちろん、そのぶん長さ方向の曲げ強度などは低下します。つまりCLTは長さ方向の強度を犠牲にして幅方向の強度を補強しているわけです。

■CLTの施工例

2019年の3月に秋田県初のCLTパネル工法による建物が木材高度加工研究所に完成しました。その写真をご覧に入れます。

いかがでしょうか。**写真2**の集成材の骨組みとは全く構造が違っていることがおわかりいただけると思います。

■WOOD・ALC

以上が一般的な集成材とCLTの違いに関する説明ですが、近年積層型の集成材の積層数をさ

写真3　CLTをクレーンで吊り上げているところ

写真4　吊ったCLTを組み立てているところ

らに増やして、面材料に加工した製品が登場してきました。これがＷＯＯＤ・ＡＬＣです。

ＣＬＴのメリット等に関しては次回に。

写真 5　一面の壁が組み上がったところ

写真 6　壁と屋根が全部組み上がったところ

第56話

CLT（直交集成板）の利点とは

第55話で、CLT（直交集成板：クロス・ラミネイテッド・ティンバー）はひき板を幅方向に並べたものを、直交させて積層接着したものであることを説明しました。直交させずに平行に並べて接着した集成材との違いもおわかりいただけたと思います。

しかしながら、なぜCLTが全国的に注目を浴びているのか、そのメリットはなにかといったことは、まだ事例が少ないこともあって、一般の方々にはなかなか伝わっていないのではないかと思います。

写真1　木高研の資材保管庫の内部

そこで今回は木材利用という立場から見たＣＬＴのメリットをご紹介します。

さて前置きが長くなりましたが、木材利用面から見たＣＬＴの最大のメリットは**写真1**を見ていただければ簡単にご理解いただけると思います。もしもあなたが在来軸組工法の家を建てるとするなら、柱や梁にこんな節だらけのスギを使うでしょうか？　だれも好きこのんで、このような木材を使うはずがありません。強度的にも心配ですし、寸法がくるってくる可能性も大です。

ところがＣＬＴであれば、一枚一枚の板は十分乾燥されていますし、強度的にも身体検査されています。また直交方向に積層接着されていますので、集成材よりもさらに寸法安定性が高くて、くるいにくいのです。

よく知られているように、日本の森林資源は年々増加を続けています。伐っても、伐っても、増加しています。また、その資源は全部が全部、天然秋田スギのような上トロだけではありません。昭和三、四十年代に拡大造林（広葉樹を伐って針葉樹に切り

写真2　在来軸組工法のもはやデファクトスタンダードとなったスギ厚物合板（ネダノン）を用いた床

替えた）で植えられたスギには、並のトロも一般的な製材に向かない屑もアラも全部混じっているのです。

このようにCLTは日本の森林資源をこれまで以上に有効活用できるという点にメリットがあるのです。かつて木高研が開発に関わって大ヒット商品となった**写真2**のスギ厚物合板（ネダノン）も同じ指向性を持った商品ですが、大量にスギを消費できる可能性があるという点ではCLTのほうが有利です。

とはいえ、需要そのものが増えなければ意味がありません。生産コストの低減や施工の合理化等々、日本全国でCLTの需要開発が進められているのはこのためなのです。

第57話　実はスギは加工が難しい木材

スギは日本を代表するような針葉樹で、あまりにも身近すぎて、かえって知られていないのかもしれませんが、実は、スギは加工するのも利用するのも大変難しい樹種なのです。「そんなことはないでしょ。日本全国、太古の昔からスギを加工して使ってきたじゃないの。桶や樽だって材料はスギだし、うちの家だって、柱なんかは全部スギだよ」なんて反論される方も多いかもしれません。

確かに、スギは北海道を除けば日本全国どこでもよく育ちますし、材質が軽くて通直ですから、手加工や単純な製材などは容易です。ところが、ちょっと高度に加工したり、工業材料として構造物に使おうとすると、色々と難しい問題が出てきます。

何が難しいのかはさておき、ここ四半世紀の間、日本の木材関連学協会や業界団体は、この問題を解決するために大変な精力を注いできました。もちろん、わが秋田県立大学木材高度加工研究所（木高研）も正面からこの問題に取り組んできました。

今回は、スギの弱点を知っていただくとともに、その解決に向けたいくつかの技術開発について紹介したいと思います。内容としては、ちょっとしたウンチク話ですが、日本人の常識として知っておいていただければ幸いです。

■水分が多い

まず、最初の問題は、スギの水分の多さです。カラカラにしたときの重さの2倍以上の水分が含まれていることもあります。木材は乾燥してから使わないと、狂ったり割れたりしますので、こんなに多くの水分を含んでいると、使えるようになるまでに、それだけ余計に時間とエネルギーが必要になります。それにスギは四面が板目で割れやすい柱材（心持ち柱）に使われることが多いので、割れが入らないように乾かすことが大変難しいのです。

この問題の解決のために、「高温セット法」という方法が開発されました。この方法の細かい内容を説明している余裕はありませんが、イメージとしては洗濯物を左右に引っ張ってパリッとさせておいて、乾燥させようというものです。ともあれ、この方法によって心持ち柱の割れの発生がかなり抑えられるようになりました。

■軟らかくて硬い

スギは比重が低くて軽軟な樹種ですが、色の薄い早材と濃い晩材の比重に非常に大きな差があります。また、硬い小節等も多く存在します。このため、切削加工における刃物の調整が難しいのです。例えば、第4話で説明したように、丸太を回転させて大きなナイフでベニヤを取ろうとする場合、柔らかい部分に合わせて刃を調整すると、硬い節などによって刃が欠けやすくなり、逆に硬い部分に合わせると、表面の粗いベニヤしか得られなかったりするのです。

この種の問題を解決するために、最適な調整条件を探るだけではなく、いわばスギに特化した種々の製造機械が開発されてきました。第4話で紹介したベニヤを作る機械（ロータリーレース）もそのひとつです。

■バラツキが大きい

一本一本の丸太ごとに材質のバラツキがあるだけではなく、一本の丸太の部位によっても大きなバラツキがあるのもスギの弱点です。例えば、白い辺材と赤い心材では、色だけではなくて、水分量や乾燥しやすさも大きく異なります。このため、辺材の板と心材の板を同時に乾燥すると、一方はカラカラ、一方はズブズブのままといった事態も生じるのです。

このようなスギの材質のバラツキに関しては、とにかく手間暇かけて対応するしか手がありません。ただ以前に比べれば、各種の測定・検知機器が格段に改良されてきましたので、品質を安定させるための管理はずいぶん楽になりました。また、これまで何回も紹介してきた木材をいったんバラバラにして、それを再構成する木質材料化の手法は、バラツキの減少にも有効です。

■たわみやすい

さて、最後に残った弱点はたわみやすさです。スギはたわみやすさの指標である「ヤング率」の値が低くて、同じ寸法の材料と比較すると、荷重をかけたときにたわむ量が大きいのです。ですから、梁として使う場合、ヤング率の大きなマツやベイマツと同じだけのたわみに押さえようとすると、より大きな断面にしてやらなければなりません。つまり、より大きな材料が必要となるわけです。一般的な住宅で、梁にスギが使われることが少ないのはこのためです。

また、スギは構造計算に使われるときの強度値もマツやヒノキなどに比べて、小さな値に設定されています。これも、スギが構造部材として使いにくい大きな要因です。

このような問題に対しては、予めスギを身体検査しておいて、強度の高いスギとそうでないスギとに区分する手法（強度等級区分）や、強度の高い他樹種とスギとを複合させた集成材（**写真1**）や合板に加工する手法など、さまざまな方法が考えられてきました。

写真1　スギと他樹種との複合集成材（左からカラマツ、ヒノキ、ベイマツ）

紙数の都合で、これくらいにしておきますが、この種の話題に興味をお持ちの方は、拙著『プロでも意外に知らない木の知識』学芸出版社、2012年を参照していただければ幸いです。

第58話　なぜ木と木がくっつくの？

木材をいったんバラバラのエレメントに分解してそれを再構成した材料が木質材料です。ですから、「接着《せっちゃく》」は木質材料を製造するために不可欠な技術です。もちろん、木質材料だけではなく、車や航空機、電化製品や電子製品、包装や書籍にいたるまで、もはや接着なくしては現代人の生活が成立しません。

ところが、それほど重要な技術であるにもかかわらず、接着のメカニズム、つまり「なぜ物と物とがくっつくのか」は、あまり理解されていません。というのは、それがただ一つの原理で説明できないからです。ということで、今回はそのあたりのことをごく簡単に説明してみたいと思います。

さて、いくつかある接着の原理のうちで、全般的に関与するのが、くっつけられる物質の分子と接着剤の分子の間に「分子間力」が作用するからというものです。ただ、ここで分子間力について説明しだすと長くなってしまうので、簡単な例として、ある種の分子間力が作用している場面を**写真1**に示します。

ちょっとわかりにくいかもしれませんが、雨粒が車のフロントガラスにくっついています。重力があるのに雨粒が下に落ちないわけですから、何らかの力が雨粒とガラスの間に働いていることがわかります。実はその力が分子間力なのです。

「確かに何らかの力が働いているかもしれないけど、ワイパーで拭けばすぐにとれてしまうわけだから、そんなもので物がくっつくとは思えないね」とおっしゃる方も多いかもしれません。そういう方は真冬の朝を思い出して見てください。

写真2のように、フロントガラスに凍てついた霜や雨粒が簡単に取れるでしょうか。プラスチックのスクレーバーでガリガリと掻き落とすのには相当な力が必要なはずです。「わたしゃ、車に乗らないよ」という人でも、零度以下に冷え切った物体に濡れた指が触れてしまい、取れなくなってしまった経験をお持ちの方は多いはずです。

写真3は水で濡らした2枚のガラスをクリップではさんだまま冷凍庫の中で凍らせたものを左右に引っ張っているところです。試してみるとわかりますが、人の手で左右にまっすぐ引っ

写真1　車のフロントガラスに付着した水滴

写真2　冬の朝のフロントガラス

張ったくらいでは剥がれません。もちろん、温度が上がって氷が溶けてしまえばすぐに剥がれますが、いずれにしても、この類の実験は簡単にできるので、一度試してみてください。氷とガラスの間に働く分子間力の大きさが実感できると思います。

さて、このような分子間力による物理的な結合以外にも、いくつかの接着のメカニズムが確認されています。木材のように表面に凸凹がある物質では、凹んだ部分や割れ目に接着剤が流れ込んで固まり、それがちょうど船の錨《いかり》のような働きをしてくっつくことがあります。この現象を投錨《とうびょう》効果といいます。

そんな機械的な結合ではなく、化学的な結合ができて、くっつく場合もあります。また、プラモデルの接着のように溶剤が被着材を溶かして混ざり合ってくっつくような場合もあります。

このように、接着という現象は、一つのメカニズムだけで統一的に説明することができないのです。

なお、興味のある方は、いくつもの啓蒙書＊が出版されているので、ご参照ください。

＊三刀基郷『トコトンやさしい接着の本』日刊工業新聞社、２００３など

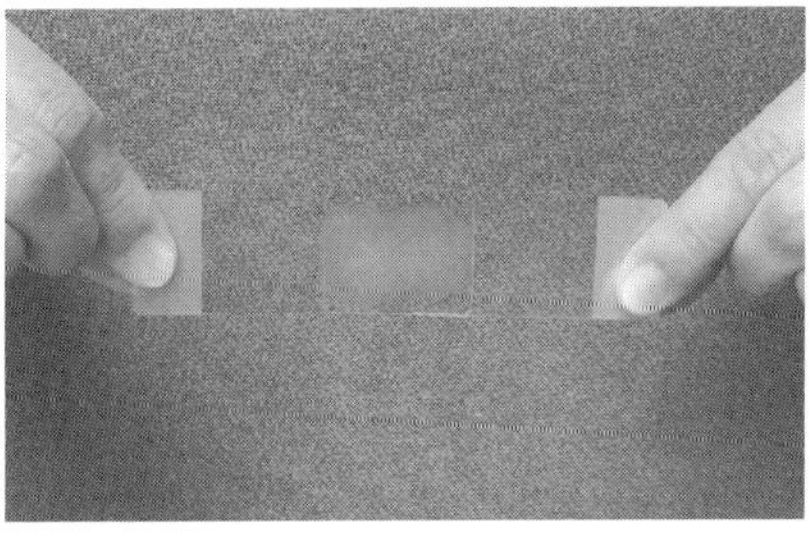

写真３　氷による接着

第59話

日本の森林・林業を再生させるために

阪神淡路大震災（1995年）の影響を受けて、安全安心に対する木材・木造関連業界のレベルが向上したのに、国内林業はその要求に対応できず、スギの原木価格がピーク時の3割程度にまで低下するという危機的状況に陥ったことは第41話でもお話ししました。

その大きな原因が第57話で説明した難加工性というスギの樹種特性だったわけです。そこで、この危機に対応するため、スギに関する二つの大きな技術開発が行われました。まずは、水分が高くて乾燥しにくいスギの柱や梁を効率的に人工乾燥する方法が開発されました。詳しい内容は省略しますが、「高温セット法」という画期的な方法が開発され、表面割れの少ない柱や梁が効率的に生産されるようになりました。

ついで、スギ合板やスギ集成材の開発が進みました。かつては、価格が高かったため、スギは木質材料の原料にはなりにくかったのですが、大変皮肉なことに、原木価格の低下に伴って「それじゃ、スギを原料に使ってみようか」という技術開発の動きが活発になったのです。

この結果、合板では厚物構造用合板（通称ネダノン）という大ヒット製品が出現しました。集成材では、ＪＡＳ規格の改定によって、さまざまな製品が効率的に製造されるようになりました。

このような木材工業の技術開発とともに、林業の生産性向上も計られました。さまざまな取り組みがあったのですが、わかりやすい例としてあげられるのが高性能林業機械の導入です。現場まで持ち込めるということが前提となりますが、**写真1**のような機械が全国各地に導入されるようになりました。

もちろん技術的な対応だけでは限界がありましたので、２００９（平成21）年には国全体の新たな施策が打ち出されました。それが「森林・林業再生プラン」でした。「コンクリート社会から木の社会へ」という副題が付けられたこの施策で、木材の自給率を今後10年間で50％に引き上げるという数値目標が示されました。

またこれを受けた形で「公共建築物等木材利用促進法」が登場しました。防火の制限がないところでは、すべての低層公共建築物を木造化すべしという法律ができたのです。

写真1　高性能林業機械

このように林業木材産業に対して、追い風が吹くようになったのですが、またもや未曾有の大災害が降りかかってきました。言うまでもありません。２０１１（平成23）年3月11日の東日本大震災でした。これ以降のことは皆さんの記憶に新しいことと思いますが、震災復興のために、施策の実施が減速してしまいました。

とはいえ、２００２（平成14）年に18・2％にまで落ち込んだ自給率は徐々に上昇し、現在では35％を超えています。確かに林業や木材産業が依然として苦しい状況にあることは否めませんが、活性化に向けた動きは着実に進んでいるといえるでしょう。

本来は森林国であるはずの日本の国民として、それぞれの立場で、今一度、わが国の林業木材産業について思いを巡らせていただければ幸いです。

第60話　おわりに　ウッドエンジニアリングとは？

最後になりましたが、筆者はウッドエンジニアリングを専門にしています。その概念を示したものが次の図です。

簡単に言うと、「丸太が加工されて製材や木質材料になり、それを組み立てて構造物にするところまでをカバーしている科学技術体系がウッドエンジニアリングである」ということになるわけですが、本書を読んでこられておわかりのように、広範でさまざまな分野が入り交じっています。

本書はこの幅広い分野の中から、多くの人が誤解していたり、うんちくとして人にしゃべりたくなったりする

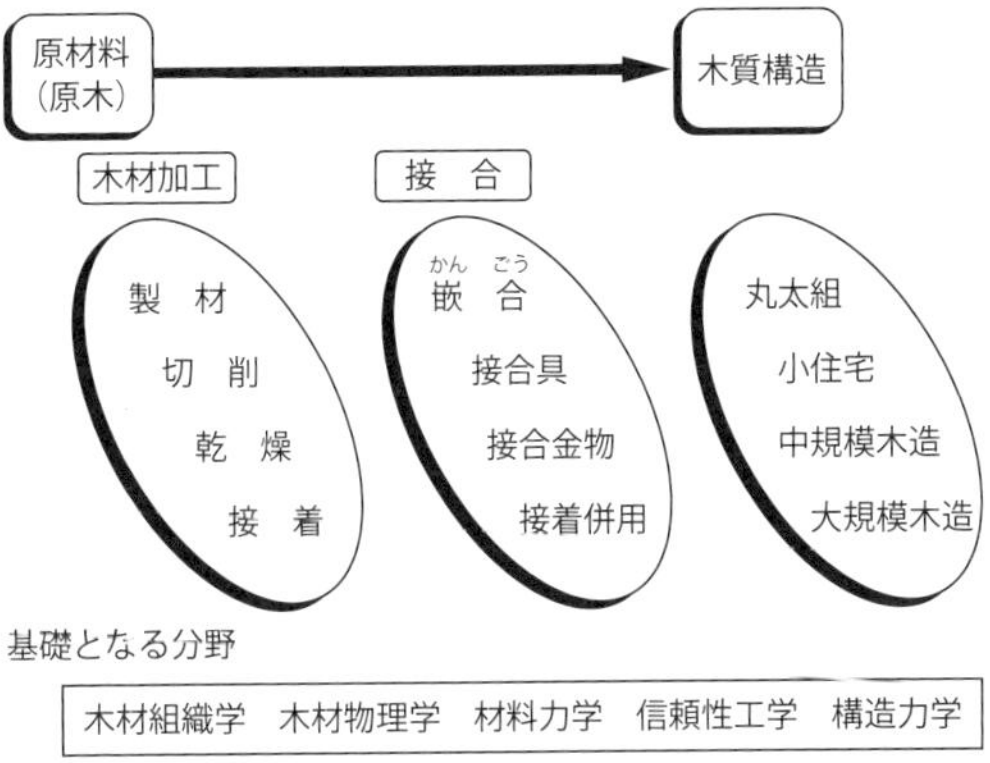

図 1　ウッドエンジニアリング

ような話題を取り上げてみました。

いかがでしたでしょうか。

もしこの分野に興味をもたれて、もっと学んでみたいと思われる方には、初学者向きで、比較的新しくて、なおかつ理解しやすい文献を次ページに挙げておきますので、ご参照ください。なお、この分野のインターネット上での情報は信頼性が低いものが多いので、ご注意ください。

最後の最後になりましたが、本書の編集に関しては技報堂出版（株）の石井洋平出版事業部長に大変お世話になりました。また（株）北羽新報の八代保常務取締役（編集担当）には出版を快諾いただきました。厚くお礼申し上げます。

《参考文献》

(1)「プロでも意外に知らない木の知識」林知行、学芸出版社、2012年7月
(2)「今さら人には聞けない木のはなし」林知行、日刊木材新聞社、2010年6月
(3)「新・今さら人には聞けない木のはなし」林知行編著、日刊木材新聞社、2018年7月
(4)「森林・林業白書平成31年度版」林野庁編、全国林業改良普及協会、2019年6月
(5)「コンサイス木材百科」秋田県立大学木材高度加工研究所編集、秋田文化出版、2011年2月
(6)「最高に楽しい木構造入門」佐藤実、エクスナレッジ、2012年8月
(7)「耐火木造【計画・設計・施工】マニュアル」佐藤孝一ら、エクスナレッジ、2012年3月
(8)「木造建築の科学」高層建築研究会編著、日刊工業新聞社、2013年3月
(9)「とことんやさしい木工の本」赤松明、日刊工業新聞社、2013年6月
(10)「木力検定1~4」井上雅文ら、海青社、2012年3月~2017年8月

(11)「ウッド・ファースト」上田篤編集、藤原書店、2016年5月
(12)「こうすれば燃えにくい　新しい木造建築」日経アーキテクチャー+松浦隆幸、日経BP、2014年3月
(13)「検証熊本大地震」日経アーキテクチャー、日経BP、2016年7月
(14)「木の時代は甦る」日本木材学会、講談社、2015年3月
(15)「最新木材工業事典」日本木材加工技術協会編、2019年3月
(16)「土木技術者のための木材工学入門」土木学会木材工学委員会、丸善、2017年3月

《著者紹介》

林 知行（はやし・ともゆき） 農学博士
秋田県立大学木材高度加工研究所 教授・所長
国立研究開発法人 森林研究・整備機構 森林総合研究所フェロー

【略 歴】
1952年 大阪府堺市生まれ。1982年 京都大学大学院農学研究科博士課程林産工学専攻修了。同年農林水産省林業試験場（現森林総合研究所）入所、以降、接合研究室長、構造利用研究領域長、研究コーディネータ（木質資源利用研究担当）を歴任。2013年より 秋田県立大学木材高度加工研究所教授、2014年同所長。

【受 賞】
材料学会論文賞、木材学会賞、杉山英男賞

【著 書】
単著に『ここまで変わった木材・木造建築』丸善、2003年、『木の強さを活かす―ウッドエンジニアリング入門』学芸出版社、2004年、『今さら人には聞けない木のはなし』日刊木材新聞社、2010年、『プロでも意外に知らない〈木の知識〉』学芸出版社、2012年、
編著に『新・今さら人には聞けない木のはなし』日刊木材新聞社、2018年
『高信頼性木質建材―エンジニアードウッド』日刊木材新聞社、1998年、
その他分担執筆 多数。

目からウロコの
木のはなし

定価はカバーに表示してあります。

2020年 3月25日 1版1刷発行 ISBN978-4-7655-4489-4 C1061

著者 林 知行
発行者 長 滋彦
発行所 技報堂出版株式会社
〒101-0051 東京都千代田区神田神保町 1-2-5
電話 営業 (03) (5217) 0885
編集 (03) (5217) 0881
FAX (03) (5217) 0886
振替口座 00140-4-10
http://gihodobooks.jp/

日本書籍出版協会会員
自然科学書協会会員
土木・建築書協会会員

Printed in Japan

装丁：田中邦直 印刷・製本：昭和情報プロセス

落丁・乱丁はお取り替えいたします。